第四支柱

中国存力崛起录

胡 喆 —— 著

电子工业出版社·

Publishing House of Electronics Industry

北京·BEIJING

图书在版编目（CIP）数据

第四支柱：中国存力崛起录 / 胡喆著． -- 北京：
电子工业出版社，2025．1． -- ISBN 978-7-121-49405-5

Ⅰ．TP333

中国国家版本馆 CIP 数据核字第 2024B67D22 号

责任编辑：张春雨
文字编辑：李秀梅
印　　刷：河北迅捷佳彩印刷有限公司
装　　订：河北迅捷佳彩印刷有限公司
出版发行：电子工业出版社
　　　　　北京市海淀区万寿路 173 信箱　　　　邮编：100036
开　　本：880×1230　1/32　　印张：6.625　　字数：159 千字
版　　次：2025 年 1 月第 1 版
印　　次：2025 年 2 月第 2 次印刷
定　　价：79.00 元

凡所购买电子工业出版社图书有缺损问题，请向购买书店调换。若书
店售缺，请与本社发行部联系，联系及邮购电话：（010）88254888，
88258888。

质量投诉请发邮件至 zlts@phei.com.cn，盗版侵权举报请发邮件
至 dbqq@phei.com.cn。

本书咨询联系方式：faq@phei.com.cn。

和李国杰院士的一次对谈

回看过往，会发现今天中国存储产业的发展成就，特别是自研的企业级存储技术的发展成就，和两个特定的历史条件有一定的关系。

第一个历史条件，就是 20 世纪 90 年代开始的一轮中国对高性能计算的冲击。它发端于 1993 年的曙光一号——中国高性能计算一个新征程的开始。

客观地讲，当时的我们，没有单独把存储子系统拎出来给予什么"特别待遇"。但是，超级计算机的一个特点就是，各个子系统都要达到很高的标准。比如存储系统，除了有容量大、延迟低等性能方面的要求，还有可靠性的要求。这和当时的超级计算主要用于国计民生的重要领域有一定的关系，因为相关数据很珍贵，不容有失。行业教训历历在目。

所以，虽然我们没有给存储"开小灶"，但它本身就面对着很高的要求。

第二个历史条件，可以理解为一种要求使然，也可以认为是一种文化使然。那就是我们在发展高性能计算的过程中，不断吸收和引进国内外先进技术。我们的自我要求之一，就是一定要把所有的软硬件技术都弄得明明白白，一定要深入技术底层，把最基础的东西、最核心的东西统统搞清楚。

这样才能在有问题的时候解决问题，在没有问题的时候发展自己。这客观上也倒逼我们把存储这件事吃透了，为后来遇到合适的机会能迅速成长打好了基础——机会总是留给有准备的人。

其实，没有具体的人给我们提这样的要求，只是有领导在发现我们这样做事的时候，给了一句评语——你们（指曙光人）在背负着一个沉重的十字架前行，就是要有为产业创造价值、为国家提升竞争力的责任感。

说实话，这个东西背起来很累的，但的确一代代地被传承下来了，从科研院所到企业，一直没有降低这方面的要求。

当然，把研究做深、把底层逻辑搞清楚，对企业来说有一个好处，那就是任何时候都能抓住风口，因为底层的能力在。就像武侠小说里的情节一样——练好了内功，再学各种各样的招式都特别快。

曙光人对存储的研发，至少有三代人的努力。第一代是我的学生孙凝晖院士；第二代是我的另一位学生熊劲博士，她主持开发了曙光系列超级计算机的机群文件系统 DCFS、DCFS2、LionFS、DCFS3 和 HVFS；第三代则是孙凝晖的学生苗艳超博士。最终是苗艳超在 2009 年带着这三代人 15 年的守望、传承加盟了中科曙光，中科曙光的存储事业也开始按照市场和技术两条腿走路的原则，不断发展壮大。

苗艳超刚到中科曙光时，只有几个人跟他一起做分布式存储的产品化研制。中科曙光技术研发的管理机制不同于计算所，完全按照市场化的要求激励技术开发人员。如果新产品不能在市场上卖出去，他们就一分钱的奖金都拿不到，只能领基本工资。在市场的倒逼下，苗艳超团队埋头苦干了两三年，终于将在计算所"培育"了十多年的分布式网络存储技术，变成中科曙光的拳头产品 ParaStor，中科曙光的存储团队也逐步发展到近千人。这段故事告诉人们：技术的守望、传承和市场机制带来的优胜劣汰，是中国存储事业发展的两块基石。

今天，我们进入一个数据爆炸时代。特别是第三次 AI 浪潮兴起后，具有高度并行性的神经网络成为热点，使人们对高性能计算、高性能存储的性能提出了新的要求。在一篇写超级计算和智算融合的文章里，我谈到存算一体化技术。客观地说，这是我的一种期待，它已经有一些落地的产品，但它还没有完全变成现实，更不能说成为主流。

存算一体在某种程度上是矛盾的，而事实上，这个矛盾，在有了电子计算机以后就存在了。大容量和低延迟，就是矛盾的两面——延迟低的存储器一定贵，比如缓存，其容量相对就做不到很大；容量很高的存储器，就相对不会很快。

在这个根本矛盾解决之前，人们只有用一些权宜之计，比如对数据存储按冷热分层，配上不同 I/O 性能的介质。但这些做法带来一个更大的问题，就是在现今的大数据时代，我们发现其实计算机很多时候干的并不是计算的活，而是把存储的数据从这一层搬到另一层，从这一处搬到另一处。"计算机"变成了"数据搬运机"，计算机芯片的进步只是提升了搬运速度，但没有新的架构级创新，这是很无奈的。

存算一体概念的提出，本质上也就是为了解决这个问题。它参考了人的大脑的一些工作原理，比如人们认为，人脑的神经元似乎是在把计算和存储放在一起解决的。当然，我们对大脑的认知还很浅，这种看法严格说可能只是一种假说。但这并不妨碍它带给科学家们灵感。现在，阻变式存储器和 3D 堆叠，都是在试图走通存算一体的路。它们尚不完美，但我认为这个方向是值得探索的。

另外我想谈的是，虽然半导体的存储还有广阔的进步空间，现在甚至还有大量的机械硬盘在使用，但半导体存储的上限差不多已经可以在望远镜里看见。它的商业寿命可能还有几十年，但它的天花板没有那么高了。我觉得这时候是应该认真对待 DNA 存储这样的下一代技术了。

不久前，我的一位学生给我展示了一幅奇景，他将一个玻璃试管连接到一台喷墨打印机上，居然打印出来了唐诗宋词等各种文字。在这个不起眼的玻璃试管里装着的，就是 DNA 存储的介质。也就是说，已经有人真的实现了用 DNA 来存储信息，尽管其成本较高，距离产品化也比较远，但 DNA 实现存储功能的可能性已经得到证实。

这个方向上的现阶段成果虽然离成熟还很遥远，但它的天花板你看不见。根据推算，1g 的 DNA 可以储存数百 PB 的数据，1kg 的 DNA 可以打包人类的所有文明。这类前沿领域，包括量子计算和量子存储，我们一定要及时跟随和掌握。现在的条件已经好很多了，对一些先进的技术我们可以直接从源头做起，将其当作创新的策源地。

在发现创新策源地的过程中，我们还是要把掌握底层核心技术当作第一性原则。存储行业和 AI 在这一点上有些相似，它的核心技术栈并不太多，也就十来家公司掌握。但它的外延极广阔，可以说千行百业都要用到。在这种情况下，我们有独立自主的底层技术就会始终处于主动的状态，无论选择引进还是自研，都可以收放自如。

现在中国发展存储产业，或者说存力建设，已经拥有 20 年前不具备的很多条件。首先，我们基本完全掌握了分布式、集中式存储的底层技术，在产业规模上实现了自主可控，可以持续投入研发；其次，在和存力密切相关的一些抓手上，比如 AI、大数据技术，现在中国都是全球级的创新策源地。我相信，只要有不屈不挠的精神，中国一定会在未来存储产业的市场竞争中走入引领者象限。

李国杰

中国工程院院士

写在后面：本书写作的过程中，李国杰院士答应接受一次我的拜访。

这一次见到他前，我颇有压力——20 年前，当我还是《电脑报》记者的时候，曾经做过李院士的专访。印象中他气场很强，是个"急脾气"。如果你跟不上他的思维，或者提出了不够分量的问题，他会直接打断你，对你的不专业毫不客气。

然而 20 年过去了，我今天见到的李院士已经是一位慈祥的长者。他不再打断提问，细心地听我说完问题，然后用温和但极有逻辑性的语言回答，还不失幽默。我 2005 年采访杨振宁先生时就有类似的感受——如果以前你觉得他是岩石组成的山，今天你会觉得他是一望无际的海——温和，但横无际涯。

在一个多小时的采访中，我们谈到了中国高性能计算对存储产业的拉动，中国科技工作者"背负十字架"的精神，以及时下流行的 AI 技术等话题。其中各种有价值的细节，如吉光片羽，弥足珍贵。因此，我把这次采访中李院士表述的内容整理出来，经过李院士的同意，作为本书的代序，是为记。

胡喆

追寻中国存储

2024 年春天，我与本书作者胡喆等几位朋友去浙江山里访茶。我认识当地一位炒茶状元，每年的这个时节，他那里都会有上好龙井春茶。

几年未来，新农村面貌变化不小。这一带山峦起伏，各处地貌比较接近，联系方式偏偏又丢了。分辨不清地形与道路，凭记忆带大家寻找了好几圈，怎么也找不到去过的地方。天色将晚，山里腾起薄雾，我犹豫起来，几次想放弃。

可是，几位年轻人坚持不达目的不罢休，大家决定一起再往前走。没想到，就在转过几个弯之后，眼前豁然开朗，出现熟悉的那片茶田，不远处路边是老茶农的家和炒茶作坊。

胡喆和我们满载而归，大家的感悟是，有价值的事物，需要坚持去追寻。

现在，为胡喆的新书写这段文字时，蓦然发现，他这些年坚持的工作——为中国信息产业著史，与春天里的那次访茶颇有相似之处。

中国信息产业的历史看起来并不长，但只要深入研究，你就会发现这段历史并不那么简单。层面、断代、分类、事件、人物，信息产业的各种要素往往交织在一起，要梳理清楚，准确、生动地讲好历史故事，不容易。

如果以 20 世纪 80 年代第一批市场经济模式下创业的 IT 企业群体涌现作为起点，中国信息产业在这 40 多年间发生了翻天覆地的变化，从全面跟随美国等西方发达国家到实现局部创新，再到今日在某些领域已成为全球创新策源地。巨大的进步与恢宏的历史，如连绵的高山，峰峦叠嶂，山水壮阔。为中国信息产业著史者甚多，在许多领域内不乏优秀作品。要在其中找到一块前人没有涉猎的空白之地，而且既有创新研究价值，又有风光之胜，让读者受到启迪并有阅读的愉悦感，难度可想而知。

存储产业，恰好是这样一个重要但长期以来不为大众所了解的领域。如作者胡喆访问过的一位工程院院士所言：在很长一段时间里，存储只是一个"配角"。它不可或缺，但也很少出头露面。它在自己的角色定位上默默工作，人们很少会关注它。

但事实上，存储在整个计算技术的历史上，绝非一直"低调"，只是它的重要性被长期低估。

作为"冯·诺伊曼结构"的核心模块，存储器是经典计算机结构中五大部件之一，也是现代信息产业的一块基石。在人工智能时代，存力（存储能力）在重要性上与算力、算法、数据是不分伯仲的，被誉为"智能大厦"的"第四根支柱"。可以说，没有存储器就没有计算器、电子计算机和人工智能。

无存储、无计算，无存储、无智能。如果以更开阔的视野看，可以说无存储则没有人类历史记录，无存储就没有中华五千年文明。

存储如此重要，但为什么一直没有人系统地讲述中国存储的发展史？可能是因为这段历史并不长，中国存储产业崛起，也就是 20 多年光景。而这期间，互联网发展经历了三次巨大变革，经历了从 PC 时代到互联网时代，到移动互联网时代，再到今天的人工智能时代。每一次变革，都伴随一次存储大爆炸。存储产业进展神速，又引发了多米诺骨牌一样的连锁反应，大数据、分布式计算、超大参数模型训练、分布式智能等技术层出不穷，彼此之间产生了广泛的联动关系。在今天这个数据成为关键性社会经济要素的时代，数据的价值空前提升。数据的载体是存储体系，中国存储产业在信息产业中因而得到前所未有的发展。

如果再往大了看，存储甚至是度量国家数字化水平的标准之一。2024 年，全球将生成 159.2ZB 数据，中国将生成

38.6ZB 数据，占全球数据的 24.2%，未来 5 年这一比例还会达到 25.7%。中国业已成为全球创造、采集、复制、存储数据量最大的国家。

人工智能生成内容 (AIGC) 的新浪潮，为中国存储产业带来新的机遇和挑战。智能检索和查询、智能问答、智能决策、知识库、数字人……这些智能应用无一不依赖于数据无处不在，无一不对存储提出新要求。

存储如此重要，与我们的生活和工作联系如此密切，影响如此之大。但和中国信息产业其他领域不同的是，中国存储产业 20 多年的发展却缺少必要的历史梳理，对发展中重要事件的研究也不够。在这样的背景下，为中国存储产业发展史填补空白，撰写一部既有历史准确性与严肃性，又有科普读物趣味性的作品，是一项十分有价值的探索性工作。胡喆承担起这份责任，力图追寻中国存储产业的发展与价值。

胡喆为此和我进行了多次讨论，而我一直相信他追寻价值的志向，相信曾为《电脑报》记者的他，承袭了传统，骨子里有"为科技行业作传，为信息产业著史"的信念，在实践中也有成果可嘉的记录。

把历史变成故事，把故事累积成历史，是《电脑报》的传统。历史上很多成功的栏目，如"电脑史话""电脑时空"等，都是这种观念与传统的体现。其影响了一批年轻人，胡喆就是其中的一个。

　　3 年前，我曾为《电脑报》前员工林军、胡喆合著的《沸腾新十年》作序。这部书 70 万字，厚重耐读，是中国互联网史的经典著作，获得了广泛赞誉。两位作者，一直在这条路上继续探索。现在，胡喆的《第四支柱：中国存力崛起录》杀青。他的坚持、努力、勤奋，让波澜壮阔的中国信息产业发展史在他的作品中变得鲜活、隽永，相信这本书一定会受到广大读者的欢迎。

　　有幸在出版前阅读胡喆此书。阅读时印象深刻的是，除了认真追寻存储的价值、讲述中国存储产业史，他还前瞻性地在人工智能时代存储与智能密不可分的关系上努力着墨。在人工智能时代的新环境下，"存算合一""以存强算"等新概念新技术不断涌现，古老而年轻的的存储技术，正在从人类舞台边缘走到中央。中国存储产业的发展史，必将是中国人工智能史的华彩篇章。

　　所以，我尤其希望这部作品，能够为关心中国人工智能和信息产业的广大读者带来新知识和新希望，为大家打开观察中国智能化进程的新窗口和新视野。

陈宗周

《电脑报》创始人、前社长

自序

　　当我站在 2024 年这个时点上，试图看清后互联网时代和前人工智能时代的范式转换中的历史主线时，一个相对冷门的领域——计算机存储，以它的低调但无处不在，引发了我的兴趣。

　　在历史的长河中，文明的薪火总是依赖于记忆的传承。从结绳记事到竹简丝帛，从羊皮纸卷到印刷书籍，存储技术的每一次革新，都伴随着人类智慧的跃迁。

　　想象一下，如果古埃及的金字塔没有留下任何记录，如果《红楼梦》的手稿遗失在风雨飘摇的岁月里，如果互联网的诞生没有硬盘的支撑……历史将会如何记录，文化又将如何传续？在这个意义上，存储不仅是技术的产物，更是文明的支柱，它与语言、文字、艺术并肩，共同支撑起人类社会的记忆大厦。

如果没有存储，也就没有计算机。现代计算机在架构上的鼻祖是图灵机，其基本思想就是用机器来模拟人们用纸笔进行数学运算的过程，这样的过程在机器的底层世界里等同于如下两种简单的动作：

◎ 在纸上写上或擦除某个符号。

◎ 把注意力从纸的一个位置移动到另一个位置。

图灵机实现了计算技术从"人"到"机"的关键一跃。有趣的是，它的灵感依然来源于人类古老的存储系统——纸和笔。

而今天，我们一秒钟也离不开计算机存储技术——几十亿人使用的全时段在网工具——智能手机，只要它在运作，就离不开存储。你的每一次触摸，都会使得程序和数据开始在手机 SoC（单片系统）中沿着一级、二级等缓存和内存高速运转。你的每一次拍照、每一笔付款，都会促成数据在本地的闪存与互联网上无数个数据中心服务器里的存储器之间流转……

不过，早期的计算机虽然有"存储"这个概念，但却没有对应的存储装置——人们只能用一组硬件开关来进行编码，直到纸卡穿孔机被引入。有趣的是，穿孔卡的出现比电子计算机要早，这种存储方式在 18 世纪就已被广泛应用于纺织领域。

有人统计过，当时的 62 500 张穿孔卡合计存储的信息大概只有 5MB，平均一张卡片只能储存 80B 的数据，其存储密度低于人类的书写，因为在同等面积上，人们可以书写数百个甚至更多的文字。

虽然，今天的中国存储行业在世界范围内还有很大的提升空间，但华人在世界存储史上早就写下过许多浓墨重彩的篇章。

1948 年，人们还在依赖穿孔卡，一位华人走上历史舞台的中央，他就是王安博士，一位以一己之力挑战 IBM 的著名发明家、企业家。他发明了磁芯存储器，把存储升级到磁介质时代，并独领风骚二十年。

此后，在 1967 年，贝尔实验室的两位亚裔科学家——韩裔科学家姜大元和华裔科学家施敏，合力发明了浮栅晶体管，这是半导体介质存储的先声，也是一切现代闪存技术的基石。

如果敞开去写，存储的趣闻妙史可以写成一本 500 页的书。你会为人类的智慧惊叹，会为人类提升存储能力的不懈努力所折服，会为人类在工程学上所创造的奇迹而心潮起伏——例如，如今被我们视为落后的机械硬盘，其磁头在读写时距离磁盘只有 PM2.5 直径的 1/25。巧夺天工的是，磁头是依靠盘片高速运转时产生的气流而悬浮于盘片之上的。

显然，我无法用自己规划的篇幅写透人类的存储简史。

所以，经再三考虑，我决定把主要的笔墨集中在最近的 20 年——在中国这片古老而又充满活力的土地上，存储产业的演变和进化。

这 20 年，是中国企业级存储高速发展的 20 年。存储也不再像此前那样，停留在某位科学家吉光片羽式的单点突破，而是作为一个产业在成长。它不仅映射出科技进步的轨迹，更折射出产业升级、经济转型的深刻变革。

从 2004 年至 2024 年，中国存储行业如何从"追赶者"成长为"并跑者"，甚至在某些领域成为"领跑者"？这本书，便试图为这段历程写下一些生动的印迹。

故事的开篇，总要追溯到那个看似平凡却又不凡的年份——2004 年。那时，市场上国际存储巨头们占据着绝对的主导地位，而本土企业则如同初升的太阳，虽光芒熹微，却蓄势待发。

记得那会儿，提起企业级存储，人们首先想到的是"大块头"的硬盘阵列和昂贵的 SAN（存储区域网络）系统。本土厂商如华为、中科曙光等，虽已在通信、先进计算等领域崭露头角，但在存储这片蓝海面前，仍是初学者。然而，正是"初学"孕育了无限可能。中国的存储企业开始慢慢摸索，从模仿到创新，一步步构建起自己的技术壁垒。

不妨将这段时期称为"黎明前的寂静"。虽然外界鲜有关注，但在这片寂静之下，是无数科研人员夜以继日的努力，是他们对存储技术无尽的探索与渴望。静水流深，正是在这不为人知的沉默中，中国存储的力量悄然汇聚。

时光飞逝，好在有一些企业抓住了2004—2009年这5年宝贵的时间窗口，中国的企业级存储企业才有了一点微薄的技术"家底"。

虽然微薄，但是由于坚持底层研发和创新，在2010年之后突然爆发的云计算、大数据、移动互联网勃兴之时，我们才能迎着随之而来对存储需求的爆炸性增长，抓住属于中国民族存储产业的宝贵机会。

诚然，彼时的中国企业与国际存储设备巨头尚有差距，但较自身而言已经有了长足的进步。它们的名字开始出现在行业报告和媒体报道中，它们开始研发集中式存储设备，对于分布式存储系统的核心——软件与算法，更是开始独立的创新，以求在性能、可靠性、智能化等方面实现全面突破。

简言之，这一阶段，是中国存储技术从"借鉴模仿"向"自主创新"转变的关键时期。中国企业开始意识到，真正的竞争力在于拥有核心技术的自主知识产权。于是在此后的日子里，我们看到了国产存储芯片的崛起，看到了分布式存储系统的广泛应用，看到了智能化存储管理平台的初露锋芒……甚至，还看到了中国企业向更高端的领域——集中式存储的冲击。这一切，都如同破晓之光，照亮了中国存储的未来之路。

如果说前两个阶段是中国存储的"奠基"与"崛起"，那么从 2016 年开始，我们见证的则是"飞跃"。这一时期，中国存储不仅在国内市场占据了重要地位，更是在国际舞台上大放异彩，成为全球存储技术发展的重要推动力量。

随着人工智能、物联网、区块链等新兴技术的蓬勃发展，存储需求呈现出前所未有的复杂性。海量数据的处理、存储与保护，成为数字时代的新挑战。而中国存储企业，凭借着对本土市场需求的深刻理解，以及对前沿技术的敏锐洞察，推出了一系列创新解决方案，从全闪存阵列到超融合存储，从边缘存储到云存储，满足了不同场景下的多元化需求。

中国存储的声音越来越响亮，影响力越来越大。这不仅是中国存储技术的胜利，更是中国智慧、中国方案在全球范围内的传播与被认可。

回顾这 20 年的风雨历程，中国的企业级存储从无到有，从小到大，从弱到强，每一步都凝聚着汗水与智慧，每一次跨越都是对"不可能"的超越。但历史的车轮从不停歇，面对未来，中国存储又该如何续写辉煌？

或许，答案就藏在书中那些生动的故事里，藏在每一次技术革新的背后，藏在每一位存储人的心中。在这个数据为王的时代，存储不仅是技术的较量，也是思维的较量，更是创新与合作的较量。中国存储，作为数字经济的坚实底座，正向着更加广阔的星辰大海进发。

　　《第四支柱：中国存力崛起录》，不是一部关于技术的完整编年史，而是一部关于梦想、勇气与智慧的史记。它试图以一种通俗的方式，讲述并不轻松的历史，让读者在笑声与思考中，感受到存储的魅力，进而理解其背后的深意。

目录

序章
风流云转的存储圣地

Chapter 0

2024 年的秋天，当我来到位于中关村软件园的中科曙光大厦的楼顶阳光房时，发现这里的确是一个极为特殊的地段，一个可以用肉眼观察中国存储行业的瞭望塔。

从这里看过去，软件园的环湖西路和环路东路，似乎是两条有力的臂膀，把三座大厦环抱其中。从分布来看，这三座大厦颇似串在一起的三颗冰糖葫芦，分别是甲骨文中心、IBM 中国研发中心和中科曙光旗下曙光存储的总部。

从这里继续向西瞭望，会看见腾讯、网易、新浪等中国互联网企业北京总部的高密度布局，向东看则能感受到百度、东软等 IT、互联网巨头的围合。

尽管这是一个小小的地块，但是它有一种极为特殊的属性，是其他的企业总部聚集地所不具有的，那就是这个围合地块中的三家企业，都是或曾是中国存储市场的积极参与者，甚至是主角之一，而它们在地理上的比肩而立，更是鲜明地反映了国际存储巨头和中国本土存储企业，在这个专业化程度很高的市场中的激烈对撞，这是一场至少长达 20 年的此消彼长式的竞争。

最北侧的是甲骨文中心。

ORACLE（甲骨文公司）是最早一批正式进入中国市场的世界软件巨头，时间甚至可以追溯到 20 世纪 80 年代末期，眼前所见的这座大厦是它在中国的第二研发中心所在地。

　　这座大厦显得有些冷清。也许，按照兴建时的初衷，甲骨文的研发人员应该填满这座大厦。但事实上，甲骨文北京研发中心只占据了大厦的一层。在商业地产租售网站上搜索可以发现，它在中关村软件园区域发布的出租办公空间信息中频繁出现，报价是每平米 4 元人民币，目前还有上万平方米的空白办公空间在招租。

　　针对存储业务，甲骨文在 2007 年收购了 SUN 公司，使得这家以数据库起家的企业，具备了存储软硬件一体的产品结构，从此在全球存储市场中占据一席之地。其 2015 年发布的集中式存储产品 FS1 一度让业界瞩目，因为这是业内较早发布的既按全闪存架构来设计，但是又支持混合存储的产品。

　　然而，仅仅在 4 年后的 2019 年，甲骨文裁撤闪存部门的消息不期而至。这个企业决策不仅让将近 500 位研发人员离开了我眼前的甲骨文中心，使这座大厦平添几分萧瑟，也反映了高端集中式存储市场的超高门槛——即使像甲骨文这样具有软件、硬件、服务等多个抓手的巨头，也不得其门而入。

　　位于甲骨文中心和曙光存储总部南侧的大厦，则是曾备受媒体关注的一个焦点事件的发生地——IBM 中国研发中心的裁撤就发生在这里。

　　这里更是人迹寥落、车马稀疏，以至于丝毫无法看出往日的辉煌。IBM 中国研发中心成立于 1999 年，经过 20 年的蓬勃发展，团队从当初 100 多人发展到规模最大时的 3000 多人。这里还曾是 IBM 全球规模最大的软件开发实验室，但随着 1000 多名工程师的离职，这里也被关闭。

IBM 在存储市场上的分量无须赘言，曾研制出世界上第一个磁盘存储系统 IBM 305 RAMAC。这个容量只有 5MB 的存储设备拥有 50 个 24 英寸的盘片，堪称当时世界上最复杂的存储设备。1973 年，IBM 成功研制一种新型架构的硬盘 IBM 3340。它也被称为温彻斯特（Winchester）硬盘，是我们至今仍在使用的机械硬盘的直系鼻祖。

此外，在集中式存储和分布式存储方面，IBM 都有自己的代表性产品，特别是在分布式存储领域，IBM Spectrum Scale，也就是我们熟悉的 GPFS 文件系统，至今依旧占据可观的市场存量份额。

和甲骨文、IBM 这两个在存储产品方面具有全球影响力的巨头企业有很大不同的是，曙光存储虽然只有 900 多名研发人员，但这个数字在近 20 年内一直是正向增长着的。特别是随着曙光存储开始冲击存储市场目前的技术制高点——集中式全闪存存储设备，这个数字更是在短短的几年内翻番式地增长。这种"彼竭我盈"的势头在近十年中尤为明显。

当然，中科曙光和甲骨文、IBM 三家企业并不能代表整个中国存储产业。但在这片小小的地块上发生的东升西落、你去我来，可以映照出中国本土存储产业在过去 20 年内的艰难逆袭。

从一个更大的时间跨度来看，阶段性结论也大致如此——科技领域知名媒体账号"数智前线"搜集了 2024 年前 8 个月来自中国政府采购网平台的 375 个国内存储项目的中标情况，这些项目或许能反映一些宏观的动态。

例如，在具有代表性的电信运营商存储采购项目中，金额最高的是中国移动招标的分布式存储集采项目，总价值超 2 亿元，项目最终被华为、中科曙光和中兴所包揽，其中华为、中科曙光是国内唯二两家拥有闭源分布式文件系统全部自主知识产权的企业。

华为、中科曙光、中兴的夺标成功，反映的是在代表行业未来的分布式存储市场中，中国企业从弱到强，直到彻底掌握市场主动权的事实。

再例如，除了电信运营商这样的传统存储消费大户，医院、政府、文化、教育等领域，也开始涌现出一些标的在千万元以上的存储项目。标的过千万元的原因，主要是采购了高端存储设备，或者可以说就是因为采购了集中式全闪存存储设备，这代表着整个存储市场走完了"机械式—混合式—全闪式"的历史进程的前半段，全闪存主导天下的后半场时代即将到来。

此外，虽然市场上还有不少优秀的国际品牌，如戴尔、惠普、IBM 等，它们的存储产品出现的频率依然不低，但存储国产化的趋势更为明显，华为、中科曙光、浪潮、联想、中兴、深信服等国产品牌已经占据绝对主流。

这些积极的现状，以及不平凡的 20 年逆袭之路，催生了这部作品。希望每个读者都喜欢上这部作品，无论你是 IT 行业的从业者，还是一个科技爱好者、科普迷。因为，这个领域同样凝结了人类智慧和天才的灵光闪现，也与我们每个人都息息相关。

第一章
存储趣味小史

Chapter 01

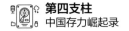
我们的文明古国也是存储强国

1899年，对中国而言是一个具有重大意义的年份。义和团运动在这一年开始，给中华民族造成深重伤害的庚子事变（1900年）的若干矛盾要素，也是自这一年开始蓄积的。

当古老的文明和辉煌的文化在坚船利炮下风雨飘摇时，现代IT业的萌芽已经在一些新兴强国出现。

这一年，在我们的东邻日本的土地上，诞生了NEC公司。NEC开始从事电话和电气开关的生产，从而汇入近代电子产业的历史大发展潮流，而且还将成长为一家超级存储巨头。

在世界的另一端，美国统计学家赫尔曼·霍列瑞斯何礼乐于稍早几年制造了第一台可以自动进行四则运算、累计存档、制作报表的制表机。这台非电子的计算机将原本需要接近10年才能完成的统计工作缩短到仅用1年7个月，完成人类历史上第一次利用计算机器进行大规模数据处理的创举。

但中国人也不必自惭形秽。同在1899年，时任国子监祭酒（相当于今天的北大校长）的官员王懿荣患病，派人到北京宣武门外的西鹤年堂（一说达仁堂）看病抓药。药抓回来之后，颇通医道的王懿荣亲自检视药材，偶然发现一味名为"龙骨"的药上有较细的刻画符号。

王懿荣是一个多年收藏和研究金石文字作品的专家，自小便笃爱古书、器物、碑版，尤其喜爱金石，是当时有名的书法大家，深得慈禧赏识。正是因为对金石学的深入研究，王懿荣对文字非常敏感。他的第一个反应就是，"龙骨"上的纹路并非随机形成的花纹，而是一种有序编排的符号，这一直觉成为他发现甲骨文的重要契机。

写到这里，聪明的你肯定已经知道了我想说什么——甲骨文的发现，意味着一整套来自殷商时代的古典存储体系的出土。

其中，龟甲和兽骨，就是当时的存储介质；上面的甲骨文字，则是一套用于存储的编码和记录体系；用锐器铭刻的方式，则是存储系统的硬件工作原理。

广义而言，今天的你使用笔墨记录，甚至努力在脑海里记下一件事，也是存储。存储就是这样无处不在。

不过，仅仅发现一套古文明的存储系统，并不特别值得骄傲。在世界上历史更悠久的文化遗址中，壁画、陶器、金属器具或纺织品上有关图片或者纹路的记载随处可见。其中相当一部分只能被称为"刻符"而不是文字，因为数量有限或缺乏体系架构。

我们真正应该感到骄傲的，是中国的甲骨文这套存储系统所具有的通用性、长效性和安全性。其中许多特性，都和现代存储系统的某些特征有若合符节之处，表现出古老中国的高明智慧。

比如，甲骨文的编码系统虽然庞大而复杂，但拥有高度的一致性（通用性）。在中国各地出土的甲骨文骨片上共计发现 4000 多个单字，有 1500 多个单字只用了短短二三十年就被成功破解，并且它们大都能与现代汉字对应起来。

通过对文字的不断破解，学者们逐渐发现，甲骨文和现代汉字并不是两种文字，而是隶属于同一套不断演化的文字体系。对甲骨文的破解，把中华文明史的研究向前回溯了 1000 多年。甲骨文的一致性或是通用性，或许能够解释中国古代文明的赓继传承为什么历经数千年而从未中断，这在公认的四大古文明中可谓独此一家。

值得注意的还有甲骨文的存储介质的可靠性——就介质的耐用性或者寿命来说，在进入电子计算机时代近 100 年后，人类取得的成绩仍然远远不如古人。

无论是早期的磁芯存储器，还是后来的机械硬盘、SSD，以及磁带、蓝光光盘等，在不考虑系统备份加持的情况下，都是以几年、十几年来计算单体寿命的。

虽然大部分介质都引入了 MTBF（平均无故障工作时间，用来表示设备在正常使用条件下，可以连续工作的预期小时数）的概念，但这仅仅是一个理想数字。在实际使用中，介质的寿命受到多种因素的影响，包括使用环境、工作负载、维护保养等。

毫不夸张地说，古代的存储介质至少在这一点上具有绝对的优势。无论是壁画、陶器彩绘还是甲骨文，都可以轻松应对几千年、上万年的时间考验。比如，已知的世界上最大、最重的一部书，现存于北京孔庙的《十三经刻石》，包含了儒家的 13 部经典著作，共 630 000 字。

更有趣的是，中国的甲骨文天然就带有某种分布式存储的特征。

所谓分布式存储，可以粗略的理解为，把诸多需要存储的数据通过一套文件系统，分布在一组可以访问的存储服务器之中。除了提升容量和性能，分布式存储的一个特性就是将数据分散存储，以避免因单个设备的故障而丢失数据。

甲骨文似乎也是如此。截至 2022 年 11 月，已发现的甲骨文约 150 000 片，每片载有数个或数十个字。这个庞大的备份体系用来保存大约 4 000 字的文字总量，足以保证即使出现上万片毁损的情况，绝大多数的文字仍能够被保存并延续下来。

从科技史可以看出，中国人对存储信息和创造备份这件事可谓空前的积极，在我们的"四大发明"中，和存储有关的就有两个，分别是造纸术和活字印刷术。换句话说——和存储相关的技术发明，占到了中国古代四大发明的一半。

中国人对复制文化的努力近乎狂热。在一度热销的《行者玄奘》一书中提到一个现象——在中国，给经典作品制造备份，被认为是非常神圣的壮举，同时也有巨大的现实意义。在古代的中国，寺庙、书院甚至是私人藏书家都允许他人抄写，佛经可以任人抄写，抄写儒家的经典著作更是被鼓励的做法。

玄奘时代的古印度则正好相反。这位求法的高僧发现，追寻经典的过程如此之困难。其中很大一个原因就是，藏有经典的寺庙绝对不向公众开放这些藏品，除非是达官贵人、高僧大德或者缘分殊胜的有缘人。玄奘在印度滞留了13年，主要就是为了克服各种困难而获得抄录经书的机会。最终他抄写了657部佛经并将其带回东土大唐。

这或许可以解释，为何佛教文化诞生于印度，在当地又快速衰落；而在中国文化里，佛教的影响和佛经的保存都要远超于其诞生地。这甚至可以解释，为什么印度的学者要在中国的《大唐西域记》中去寻找本国的历史文明轨迹——一个有强大存储体系的文明是更有生命力和延续性的。

从这个角度看来，存储可以保存文明，存储更可以推动文明。有如此辉煌的存储文明史，在当代的存储产业中，中国又怎么会不再度创造新的高峰呢？

我们生活在一个存储的世界里

我问过很多人对存储的感受。但大部分人告诉我，他们可能要每隔几年才会关注一次存储这件事，而关注的理由也多半只有一个——想知道新买的手机或电脑应该选择 512GB 还是 1TB 的存储空间。

是的，当前存储行业作为数字化社会的一个子系统，把自己隐藏得如此之深，以至于人们常常忽略一个事实——无论是我们正在享受的现代智能生活，还是人们大脑的活动，乃至于一个社会的精神、意识和文化层面的上层建筑，都依赖于广义或者狭义的存储系统才得以存在和运转。

存储在我们的生活中无处不在——你拍下一张数码照片，它会存储在本地，也会在云端创造一个备份；你随手打开一个 APP，读取一则新闻或者刷一段短视频，背后是云端的存储系统在完成一次或者多次的读写操作和数字通信；你在数字世界里的每一次访问、每一个浏览记录或者聊天操作，都涉及大量数据在不同存储空间和文件系统之间的流转和交互。

当然，对于普通的消费者来说，存储的存在感下降并不是什么坏事。就像现在人们见面已经很少问"吃了吗"或者"你上次吃肉在什么时候"一样，成本的下降在一定程度上降低了存储在普通人心目中的重要性。

前一节提到古代存储文明的长板，但我们也有远超于古人的地方，这就是"纳须弥于介子"的能力——一块龟甲或者陶片只能容纳几十个文字或图案，且不能扩容，也不能用简单的方法复制。

今天，几个指甲盖儿大的 TLC 存储颗粒，就可以装下几个 TB 的数据。玄奘法师西行求法，费尽心力只带回 657 部经书，如今任何一款几十元的 128GB 的 USB 闪存，就可以轻而易举装下整本《大正藏》（全称《大正新修大藏经》，文字量是《辞海》的 100 倍）的高清电子扫描文档，直接存储文字所占空间更不值一提。

一种东西只有在稀缺或昂贵的时候才会为人所关注。在 20 多年前我上大学的时候，一台 GSM 手机或者寻呼机是普通学生难以企及的奢侈品。想彰显品位，有另一种较为便宜但别具一格的方式，那就是在衬衣口袋里装上一两片 3.5 英寸的软盘，因为这似乎在暗示——自己与计算机这种先进而昂贵的设备有某种联系。

另一个重要的背景是，无论单体介质是否可靠，在企业级存储中，都可以用来把创造副本的能力发扬光大——现今的任何一个存储文件系统，都会设定一重又一重的备份机制。我们通过不断更新备份和重建数据，实现了用不太可靠的介质搭建出具有极高可靠性的存储系统，使之可以为人类服务几十年、上百年，甚至上千年。这正是人类科技创新的激动人心之处，也是存储的话题总能让我感到激动的原因。

就是在这种围绕"卖得更便宜、存得更多、读写得更快和数据更安全"的螺旋式上升中，中国的存储事业找到了突破口，在近 20 年的时间里取得举世瞩目的进展。

人，世界上最了不起的存储器

对于人脑存储能力的测定，可能是科学史上最有趣，同时也是分歧最大、最不统一的研究。

从数字就可以获知，不同的科学研究对于人脑存储能力的估测差之万里。在我能找到的文章里，对于人脑存储容量的评估结果从 200MB 到 2500TB 不等。

主张人脑的存储容量在 1GB 以内的研究，主要依托于"实测说"。相关实验在 20 世纪 80 年代由贝尔实验室的托马斯·兰道尔博士主持，参与者包括计算机科学家、语言学家和心理学家。

这一实验的原理极为简单，就是要求参与实验的志愿者去专注地记忆图片、文字等信息，在随机的一段时间后进行测试，以确定他们记忆的信息量。

兰道尔的实验结果显示，人类大脑的实际信息存储量约为 1000 000 000 字节，大约相当于 1GB。

尽管这只是一个大致的结果，但它暗示着人类大脑的实际存储容量可能远比预期小。

当然，这个结果在令人沮丧之余，似乎与我们在生活中的认知是比较接近的——即使用各种方法强化记忆，或经过长期的学习，绝大多数人在掌握一门外语（涉及对数千个单词的记忆）、谙熟数百首诗歌（上千种文字的组合）或记住上百个电话号码时，都会感到吃力，更不要说记住更为复杂和精细的知识、数据。

与"实测说"截然相反的是"估测说"。基于其的研究认为，人类大脑大约有 860 亿个神经元，但不能机械地认为一个神经元只对应一个或若干个比特的数据。科学家从对小鼠大脑的研究中发现，决定记忆能力的似乎不是神经元的数量，而是把这些神经元连接起来的突触的强度、状态和连接方式。按照最乐观的估测，人脑中数万亿个突触，相当于拥有至少 2.5PB（即 2560TB）的容量，足以存储人类历史上所有的书籍、音乐、电影和照片。

这一推测的最大短板在于，人类的信史中似乎不曾有过对拥有如此超卓记忆容量的历史人物的可靠记载。

　　而且，人脑存储空间的消耗量大多是非标准化数据，既没有统一的标准，也难以量化地估测；其中单词、数字、文字等信息消耗的存储空间是可以直接换算为计算机存储单位的，但有一些特殊记忆究竟消耗了多少存储空间，则无法很好地加以量化。比如，莫扎特具有完美的音高记忆能力，国际象棋冠军可以记忆上万盘棋的落子顺序，调香师可以记住数百种香料的味道，但这些特殊记忆所需要的大脑容量很难估测出来——"记住一种味道"到底需要多少的人脑存储空间呢？这恐怕无法用字节来量化。

　　不过，尽管信息和记忆消耗的人脑存储空间很难准确估测，但在科学界已基本达成共识的是，人脑并不是一个简单的存储器，其特征更符合存储行业常说的"存算一体"。换句话说，人脑的神经元和突触将存储单元和计算单元融合在一起，数据可以直接在存储单元中得到处理，从而消除了数据搬运的延迟和功耗。这使得人脑的性能在某些特定场景下远超最强大的电脑。

　　更为有趣的是，现代计算科学和脑神经科学都是目前的重点科研领域，在二者的交叉领域内，一种新的理论探索——人类增强产生了。

　　面对日益复杂的智力挑战，一些有前瞻性眼光的人提出：我们应该有目的、有方向地提升人脑的能力，使人类变成更为"强大的人"。此即人类增强。在这个命题里，存储处于特别重要的位置，是因为很难找到比增强记忆更为明显的证明人脑被强化的表征。

现在，这个命题又产生了两个分支，即体外增强模式和脑机接口模式。

与体外增强模式结合最紧密的是 AI，包括现在风头正劲的大模型。AI 的理论依据是，人类应该研究大脑的工作机制，并且模仿其原理（例如，深度神经网络就参考了人类神经元的工作机制），最终依赖数字技术形成强大的人类助手和智能体。目前，伴随着可以实现"智慧涌现"的生成式人工智能的发展，这一分支已经有了明显的进展。

脑机接口模式则截然相反，它主张直接对大脑动手，在人类大脑或动物大脑与外部设备之间创建直接的连接，实现脑与设备的信息交换，进而直接获取大量的外部信息。这一分支的研究也时有突破性成果，目前在神经修复领域已经取得长足的进步。

无论是体外增强还是脑机接口，都可能为我们打开一个全新的存储发展范式——但在这一切到来之前，我们还是要先回到现实中。正视现实，尤其是眼前的现实，就离不开回望中国存储事业在过去 20 年里的逆袭之路。这条路并非一帆风顺，而是冲波逆折、挑战重重，因此比人脑存储的研究发展更加波澜壮阔，也更加生动鲜活。

有趣的介质

很多人想到存储，脑海里第一时间浮现的就是硬盘、闪存、光盘……其实这样的直觉有其合理性，因为大部分消费者只能接触到存储的这个层面。但对于真正的存储业内人士来说，"介质＋文件系统"，才是完整的存储形态。

这就好比，如果要在一张非常大的白纸上写字，而且要保证每个字的大小都一致，从而最大程度地利用这张白纸，最好的办法就是给这张白纸画上无数细小的格子。再进一步，如果要做到足够快地找到任何一个格子里的字，那么最好的方式就是给这些格子都编上号。

电脑存储的文件系统有着类似的工作原理——在没有文件系统的存储介质上，数据只是一堆无序的数据块，用户无法直接访问和管理这些数据。而文件系统为存储介质上的数据提供了结构化的访问方式，使得用户能够像操作文件和文件夹一样方便地管理数据。因此，存储介质和文件系统是存储系统中不可或缺的两个组成部分，它们共同构成了完整的存储解决方案。

很多人问我，为什么现在中国人连 CPU、GPU 都可以制造，但却不能生产机械硬盘？同样让人不解的是，在固态硬盘领域，中国企业的市场份额为什么非常之低？

首先，这和中国人的聪明才智无关。相反，华人在存储史上贡献颇大。如前文所言，作为计算机发展历程上里程碑式的存储器——磁芯存储器，就是在 1948 年由一位当时的中国赴美留学生——王安所发明的。它有效地提升了 CPU 和存储器交换数据的速度，使计算机得以进入通用计算机时代，并且占据世界存储市场的主流长达 20 多年。

王安博士是第一位值得被永远铭刻在计算机存储器发展史上的华人，而对存储发展做出卓越贡献的华人还有很多。

中国之所以在可商用机械硬盘的制造产能上基本空白，主要是介入的时机太晚——在中国的 IT 市场开始起步时，世界上的主要硬盘厂商已经经过许多轮的厮杀和吞并。这导致围绕机械硬盘技术存在着成千上万项专利构筑的专利墙。

可以说，极高的工程学难度、大量的专利，以及很快就要取代机械硬盘的新技术的出现，使得中国 IT 企业在创建和发展的初期，就已经错过了进入机械硬盘这一市场的窗口期。

目前已经在消费端和企业端快速普及的 SSD，其实也有颇为悠久的历史，中国人同样进入得很晚。

固态硬盘并不只有一种介质。就好像今天的很多电动汽车，都宣称自己采用了固态或半固态电池技术，但彼此间的技术路线和性能差别却非常之大。

1970 年，由四位 IBM 的前工程师创立的 STK 公司就推出了世界上第一款固态硬盘驱动器，但其存储介质并非现在的主流介质——NAND 闪存。此后，STK 公司被 SUN 公司收购，SUN 公司则被甲骨文收购，而甲骨文又在 2019 年砍掉了闪存部门。从此，历史上第一个开发出固态硬盘驱动器的企业彻底终止了血脉传承。

真正给 SSD 行业带来生机的是 1987 年东芝公司员工舛冈富士雄发明的 NAND 闪存，他也是 NOS 闪存的发明者。值得同情的是，因为这个方向当时不是东芝的重点，以至于他只得到相当于几百美金的奖励。

2006 年，人类第一次在消费级电子产品中使用了 SSD——其中一个重要的标志是第一台配有 32GB SSD 的三星笔记本电脑问世，此时距 NAND 闪存的发明已经又过去将近 20 年。

普通消费者这几年才感觉到的"SSD 普及风暴"，实际上是从 20 世纪 80 年代开始的一轮又一轮激烈技术竞争的结果。其间有无数的公司倒下，也有无数的新技术和专利涌现，最后只是暂时稳定在当前的技术路线上。而中国的工业界几乎全程没有参与这个过程，自然积累甚少。

经过不断的整合并购，NAND 闪存市场的玩家越来越少。最终，形成了由三星、铠侠（原东芝存储器集团）、西部数据、美光、SK 海力士、Intel 等巨头为主导的集中型市场。这种态势一直延续至今——在 NAND 闪存市场里，这些巨头的份额加起来已超过 95%。其中，三星的市场份额是最高的，达到了 33% ~ 35%。

当然，我们必须提到一家中国企业——长江存储，其前身是武汉新芯集成电路制造有限公司（下文简称武汉新芯）。于 2016 年 7 月 26 日正式成立的长江存储，近年来推出了具有 232 层 TLC 和高速接口的 Xtacking 3.0 和 Xtacking 4.0 架构，从而有了足够的竞争力，能够与美光、三星和 SK 海力士等全球领导者在产品上分庭抗礼。

长江存储的崛起，某种程度上可以解释为抓住了国际闪存市场激烈竞争带来的窗口期，得以趁隙而入。

这要从 AMD 说起。这家 Intel 的"死对头"，和对手在业务架构上有很多相似之处，其中就包括都有 NOR 闪存业务。不过，AMD 在这一业务上，显然没有那么多耐心和资源。于是，AMD 在 2003 年和另一家传统内存巨头富士通达成协议，各自将闪存业务剥离，合并成立了飞索半导体，一举成为当时世界上最大、闪存品种最全的半导体企业之一。

但是，飞索没有熬过 2009 年的全球经济危机，于当年申请破产，最后被卖给了另一家半导体巨头 Cypress。这个变故使中国存储产业意外地从中受益，一方面，飞索半导体让出的 NOR 闪存市场空间，让中国的兆易创新得以快速提升相应产品的市场份额，最终成为 NOR 闪存巨头；另一方面，Cyepress 在 2015 年与长江存储的前身武汉新芯合作开发 NAND 闪存，其结果是提供了大量闪存 IP 授权，使长江存储在成立之初，就摆脱了 IP 壁垒的限制。

但是，长江存储的问题在于，从创立至今一直没有摆脱对阿斯麦公司和泛林集团等国外关键设备供应商的依赖。但比较提气的是，即使经历了 2022 年年底被列入美国制裁"实体清单"的冲击，这家企业这两年不仅仍在稳步发展，而且已经成功采用国产半导体制造设备取代了部分欧美半导体制造设备。新的设备来自不同的本土企业，比如专门从事蚀刻设备的中微公司，专注于沉积和蚀刻设备的北方华创，以及沉积设备供应商拓荆科技。

今天，中国企业已经很难像长江存储起家时那样可以买到各种需要的进口设备，但国产设备尚没有形成完整的产业链闭环，这就导致在长江存储创办近 10 年后，中国还没有产生另一家在 NAND 闪存颗粒的产业规模上可以比肩长江存储的企业，而长江存储的产能则远远不能满足中国市场的需求。甚至有一种观点认为，尽管长江存储目前拥有 232 层 TLC 技术，但是随着一些关键设备被替换，其量产产品有可能退化为 162 层 TLC 技术的产品。可以预见，今后的一段时间里，中国的闪存介质还需要高度依赖进口，这对中国存储产业是一种隐形的危险。

"相对于机械硬盘，中国在 SSD 时代的成绩更好一些，但在相关技术和基础设备的积累上，还不能形成完整的产业链。"清华大学高性能计算中心高级工程师张武生告诉我，"我个人认为，中国的存储介质研发，应该直接瞄准下一代存储技术，例如 DNA 存储等，争取赢在起跑线而不是弯道超车。从我跟踪的一些国内青年学者在 DNA 等下一代存储方面的研究来看，中国的科学工作者已经意识到了这一领域的重要性，并做出了一些很不错的工作。这或许是中国存储产业从跟随到主导的一次历史性契机。"

就目前披露的一些优点来说，DNA 存储技术是一种具有划时代意义的存储技术。它利用人工合成的脱氧核糖核酸（DNA）作为存储介质，具有令人难以置信的存储密度——1g 的 DNA 就可以储存海量的数据，而且存储时间可能长达数千年。

虽然这些数据都来自早期的研究，DNA 存储究竟何时到来，目前还没有一个确切的时间表；但在这个方向上，中国至少做到了和全世界同时起跑，前景自然也更令人期待——如果中国人能率先研发出可用、成本也可以接受的 DNA 存储产品，那将颠覆近百年的信息存储史，把人类带到一个新的存储时代。

第二章
超级计算、2004 年、
分布式存储三连问

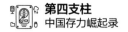
为什么是超级计算

中国存储产业或者说这 20 年国产存储的崛起之路，与中国的 HPC（高性能计算）有密不可分的关系。下面的这位人物就是中国 HPC 的开拓者之一。

1992 年临近春节，于北京就读研究生的安徽人孙凝晖正在返乡途中。当时的交通还不发达，从北京到安徽，必须在南京转一次车，经历处处人潮汹涌的春运。

很多人在转车时会顺路参观东南大学。其前身为民国时期的国立中央大学，曾是当时中国最高学府。东南大学的四牌楼校区风致华丽、气派不俗，于 2006 年被列入第六批全国重点文物保护单位，如今已是该校最具知名度的一处打卡地。

而身在南京的孙凝晖却无心去欣赏东南大学风格独特的建筑，一心只想找个有计算机的地方，把脑子里刚刚产生的一个关于存储的想法变成代码。但是，想要在当时的中国、当时的南京找到一个能使用公用计算机的地方，还真不容易。要知道，中国的第一间网吧要到 4 年后才在上海开业。

在从北京到南京的车厢里，虽然没人注意这个似乎无时无刻不在思考的白面书生，但他却很享受这个闹中取静的旅程，时不时掏出纸笔来记录自己的想法。

待到达南京后，孙凝晖憋不住了，他必须把脑子里的一些想法变成现实的代码。好在他小事灵活，想起不少中学同学都就近念了东南大学，于是找来找去，找到一位还没有回家的同学，让他把自己领进东南大学的公共机房。

椅子还没有坐热，孙凝晖就敲出了一行代码，这是"曙光一号"[1]这台划时代的超级计算机的文件系统的第一行代码，代表了中国高端计算的科技成果转化。同时，这也意味着，在从依托科研院所研发专用系统发展到依托市场机制研发通用型设备的道路上，我国在存储这个子系统的建设中敲出了第一行代码。

存储的文件系统，是整个计算系统中最难处理的子集，其设计难度甚至超过操作系统和数据库；而且，虽然其代码量不是最大的，但要达到高性能和高可靠性，可谓难于登天——张武生告诉我。

1992 年中国发生了很多大事，但这件"小事"也值得记录。为什么呢？因为孙凝晖做的这件事起点足够高，意义也足够大。

对中国的计算机发展史略有了解的读者，想必对如今中科曙光门口的那座"玻璃房子"有特殊的记忆。

20 世纪 80 年代，原石油工业部地球物理勘探局曾花费

1　即曙光一号共享存储多处理机系统，以下简称曙光一号。

巨资从国外购买了一台大型机。让人没想到的是，销售方不仅对后期的集成和维护"狮子大开口"，还提出了一个让中国 IT 人铭记至今的屈辱条件——在设备的使用过程中，为防止机器核心技术外泄，设备机房必须采用全透明的玻璃墙壁。这意味着对方不仅要时刻监控中方操作人员的一举一动。甚至连计算机的启动密码和机房钥匙对方都要控制。

今天，中科曙光的门口也有一座玻璃房子，但它是另一个令人激动的成绩——硅立方的象征。熟悉那段历史的人们，总会认为两者之间存在某种联系。前者是屈辱，它标记了一段历史；后者是成就，反映了中国先进计算的进步。

二十世纪八九十年代，全世界都在关注日本开发所谓的第五代智能计算机的步伐的时候，中国于 1990 年 5 月在北京召开了智能计算机发展战略国际研讨会，讨论的结果是——一致决定不走日本"第五代计算机技术开发计划"的路，而是坚持"需求牵引、技术推动"原则，拟定了国家高技术研究发展计划（863 计划）306 主题的发展纲要，将主攻方向确定为"以并行处理为基础的高性能计算机系统"，它的第一个作品就是曙光一号。

1992 年的孙凝晖可能还不能完全理解这个重大决定的意义，但他回忆起那段黄金岁月，还是颇为激动——"当时，中国的高端计算人才还很稀缺，24 岁刚刚硕士毕业的我已经成了软件组的主力，这也决定了我能在后来的曙光 1000 大规模并行计算机系统（以下简称曙光 1000）的研发中，在软件和存储领域，贡献个人的力量。"

1995 年，紧随"曙光一号"成功研发脚步的曙光 1000 机器已引入了 I/O 节点机的设计。从现在的角度来看，这个子系统颇为简陋，本质上其实是一台带配置为 EISA 总线的 Intel 486 CPU 的计算机，可配备当时较大容量的硬盘。一个结点机与 Mesh 网间的数据传输速度为 16MB/s，各个 I/O 结点机可运行并行文件系统 PFS，这种方法增加了在读写文件操作时可同时工作的 I/O 通道数目，以便提高系统总的 I/O 带宽，这就是当时中国存储产业的真实水平。

为什么中国的企业级存储产业会发端于超级计算呢？不妨略微回顾历史——如果以 20 世纪 80 年代联想、金山等中国 IT 企业的创立为节点，粗略地给中国的 IT 发展史定下一个出发点的话，可以看到，当时大部分经济效益较好的 IT 企业，主要都在做满足机构用户的办公需求，以及 C 端用户学习、娱乐等需求的产品。当时的计算机主要依赖于进口元器件的组装，软件领域也集中于满足文字处理、财务、翻译、杀毒、游戏等需求，这些都体现了 IT 产业对存储没有什么高需求，从中也很难诞生高端的存储技术。

可以说，在当时，唯有高端计算领域才用得上比较复杂、先进的存储体系，哪怕存储只在其中扮演一个"配角"，但其已经站在了当时中国 IT 产业的高起点上。也正是这个高起点，推动中国存储产业的开局"剑指"企业级存储，这个方向的确立被认为是此后一系列正确决策的开始。

为什么是 2004 年

2024 年 10 月初，我当面请教中科曙光总裁历军，问他中科曙光研究存储技术的开端年到底应该是哪一年？历军给了我一个非常精确的数字：2004 年。问他为什么记忆得如此清晰？历军苦笑了一声说，那一年往返涿州市太多次了，想忘都忘不掉。

位于北京西南的涿州市，现下是一座存在感很弱的小城，尽管它有数千年历史，但历史的尘埃早已湮没了这一座名城昔日的繁华。

不过，如果你对中国的大型计算机或者高性能计算机约略了解的话，你会对这座小城肃然起敬。如果一定要给它起一个称号，那么涿州市应该是"超级计算之城"。

因为这里有东方地球物理公司，一家对标著名的西方石油勘探企业——西方地球物理公司的机构，其实它就是原来的中石油物理勘探研究院。东方地球物理公司是中国最早引入超级计算的机构之一。前文提到的修建玻璃房子、"备受羞辱"后引入美国克雷公司的超级计算机的，就是这家公司。

石油勘探行业的基本工作是通过制造人工地震来收集地震的回波，再对波形数据进行分析，以形成图像并从中寻找储油层和成油构造，这个工作内容被打趣为"给地球做 B 超"。

对地震回波的处理需要海量的算力，且算力需求永无止境，可以说有多少就能用多少。无论换了多少代计算机，地震回波处理中的 CPU 占用率，从来就不曾低过。

石油勘探对于中国这个石油资源并不丰富的国家而言尤为重要，是上升到国家能源安全级别的事业，所以其预算颇为充裕。

在漫长的岁月里，从最早向苏联引进电子计算机开始，石油勘探领域更迭了一代又一代的大型计算机和超级计算机、超级计算集群，人称"天下算力半石油"。可以说，石油勘探领域是民用领域中应用高端计算最早、尝试过的机型最多、算力需求最迫切的一个领域，聘用了超级计算经验最丰富、最挑剔的工程师，而且在某种程度上来说，还是验证真实超级计算能力的最具权威性的检验场。

2003 年 6 月，东方地球物理公司签约采购运算速度达到 4.2 万亿次的曙光 4000L（曙光 4000 系列高性能计算机之一）。

这一年，大名鼎鼎的分布式存储系统 Ceph 有了第一行代码，IBM 的高端存储系统已经发展到 DS8000 系列，而中科曙光的存储系统还在蹒跚学步。

就像护送刚到学龄的孩子上学一样，历军频繁到访涿州的石油物探技术研究院，了解用户的用机体验 ——

"当时，石油系统的工程师跟我们讲：'现在我们院有三种主力机型，一种是 IBM 的较老型号，一种是另一个国内企业研发的，还有一个就是你们的。'"历军说，"他们说：'单单从计算能力来讲，你们的机器是理论指标最强的，但从实际体验的角度来说，已经有些过时的那台 IBM 计算机反而是最好的。'"

"我当时一听就急了，为什么我们的实际体验是最差的，就一直在追问他们。"历军说，"后来他们的工程技术人员给我解释，这可能和他们的应用方式有关。具体来说，就是他们在运算前需要加载大量数据，而且在运算的过程中不是等到最后才保存数据，而是每当运算到一定程度就要全盘保存一次，而且保存的数据量特别大。IBM 的机器型号虽然较老，但是各方面的平衡性做得最好，在三种机型中还有最大的存储带宽，所以实际体验最流畅。"

孙凝晖院士曾有一句戏言，说存储这个子系统在高性能计算里是个"配角"，言下之意就是它不用经常抛头露面，但该出现的时候也绝不能缺席。

这一次，"配角"出了大问题，历军道出了其中的原因。

"表面来看，问题是我们的存储系统拉了后腿，但深层次的原因，还是我们的超级计算在研究上过多地以科学计算为主要方向。一般来说，科学计算的数据吞吐量并不会太大，相反，它对处理速度要求很高。所以，我们对存储子系统的设计，考虑得并不周密，配属的软硬件只能说合格了，但称不上优秀。"历军说，"IBM 则不同，它很早就开始直接面向商业应用或者说是企业级应用来开发针对性的大型机，并将其应用在例如人口普查、大型航空公司订票系统、政府办公系统、气象预报、石油勘探、高端制造等数据密集型业务领域，可以获取大量真实用户的反馈，所以在设计考虑上更注重系统的平衡性。这种因服务客户而得来的经验积淀是刻印在企业 DNA 里的，也是我们这种后发企业当时所不具备的。"

历军说，这一年，他又多次往返涿州，总结出两个经验：

其一，从宏观上说，后代先进计算机型的研发，要淡化科研院所"只管技术，不管应用"的习惯，真正树立服务客户全生命周期、开发有针对性产品的底层意识，而且要细化，根据不同需求做针对性配置。

其二，从微观上来说，他认识到，高性能存储子系统的确是当时国内先进计算领域的一个相对短板，必须当即注意起来，必须开始研发投入。

其实，如果单说存储，那在 1995 年研发成功的曙光 1000 上的 I/O 节点机也是存储设备，其服务器部门在 2000 年摸索出的功能比较简单的 SCSI 双控磁阵列也是存储设备，但这些解决的都是"有无问题"，谈不上高水平。

历军要解决的不仅是大客户差评的问题，还有发展业务的问题。因为，事实上，从 2001 年开始，由于有高性能计算的拉动，中科曙光的服务器业务就开始突飞猛进，并且占据了国内服务器市场 17.5% 的市场份额。同时，除了有 x86 架构的服务器，中科曙光还是国内唯一一家拥有较大影响力的 RISC 服务器厂商。

和计算机、手机销售所不同的是，服务器的销售一般根据客户总体的预算来灵活地计算算力、存储、服务的预算比例。换言之，如果有自己的存储产品线，且有较好的性能和口碑，那么客户多半会倾向于选择与服务器同一品牌的存储产品，因为从兼容性到售后都更有保障；但如果服务器厂商没有自有的存储产品线，那么就只能搭配其他企业的产品或者代工其他企业的产品，利润也会大大减少。

占据国内服务器市场的 17.5% 可不是一个小数字，意味着拥有一条把自己的存储产品直接销售给各大客户的通天大道。因此，在服务器销售前景一片大好的情况下，历军也看到了做自研存储产品决策的必要性。

对于中国存储产业来说，21 世纪初的这几年，也是很多企业发力研究存储产品的时期。

华为进入存储领域纯属偶然——2001 年互联网科技泡沫的破裂，几乎波及所有科技公司，华为亦不能幸免。在这种背景下，华为当时认为只做通信产品未来会面临很大的风险，需要积极为做新产业寻找机会。当时华为先选择与高校科研机构合作，携手华中科技大学谢长生教授团队，开始基于"标准服务器 + 商用光纤通道卡 + 开源 RAID 代码 +Cache/SCSI 组件"打造预研的存储系统。经过一年的努力，存储原型机通过了管理层的验收，华为数据存储在 2003 年也顺理成章地启动研发。

和欧美有着大量的存储技术初创公司不同，中国的存储企业大部分都是有母公司业务作为"靠山"的。例如华为、中兴都是通信技术企业，然后发展出了存储业务；中科曙光、联想等都是先进计算、服务器业务的主要厂商。

虽然自研的种子已开始萌芽，但因为基础孱弱，中国企业级存储的早期模式大部分是以规模、体量换市场，只有少数企业坚持了短期内见不到回报的底层自研；欧美企业的发展模式，则是巨头和初创企业并行，然后巨头通过不断收购初创企业来换取技术创新成果，这种模式又推进更多初创企业勇于踏入市场。

2003 年是分布式存储的起点，又和互联网行业的早期发展密不可分。中国既是互联网大国，又渴求在底层自研上有所突破，这也就不难解释，为什么如今一批拔尖的存储企业都在 21 世纪的头几年起步。某种程度上来说，中国存储企业抓住了一个和国际竞争对手几乎同样的起跑机会，进入中国存储行业期盼已久的一个发展模式转换期。

为什么是分布式存储

总体而言，企业级存储产品虽然千变万化，但总体只有三大类——集中式存储、分布式存储和超融合存储。

先说说集中式存储，集中式存储设备就像一个超级大的柜子。想象一下，有一个巨大的柜子，里面整整齐齐地摆放了许多小抽屉，每个抽屉都可以装下各种各样的数据宝贝。这个大柜子可能放在一个专门的机房里，看起来很有科技感。

集中式存储是当时乃至当下绝对的主流高端存储产品，这个柜子里面叠加使用了一层层的技术，从散热、减震等物理配置，到控制器、阵列卡这些存储器的大脑，再到通信协议乃至各种软硬备份机制……这些技术紧密地耦合在一起，最大程度上实现了数据的一致性和稳定性。

可以说，直到分布式存储、超融合大行其道的今天，集中式存储仍然是存储皇冠上的明珠，仍然是那些对数据安全极度敏感的机构，如金融、银行、大型政企机构，绝对优先的选择。

如果你还没有概念，那借用一个标准可以更简单地理解。根据 IDC 的统计，售价达 25 万美元以上的存储设备（单体）就达到了高端存储的标准，也就是说，一个 25 万美元的存储设备，也只能算是高端存储里面的入门级产品。相反地，你可以算算，如果只买硬盘，25 万美元可以买到多少块企业级硬盘，答案是 16TB 容量的硬盘足足可以买 1000 块，也就是硬盘总容量达 1.6PB。

再举一个例子，硬盘在运行时，磁头距离盘片的距离可能小于 $0.1\mu m$。对于普通的家用台式机来说，如果在硬盘进行频繁读写的时候，重重地捶一下桌子，没准儿都能让磁头划伤盘面；但高端存储设备的稳定系统甚至可以直接抵御一些低烈度的地震。

所以，集中式存储的特点就是性能极为稳定，但也极为昂贵。较早期的时候，存储更多地与大型机一起出现，IBM 就将存储与大型机绑定为"全家桶"进行出售，这种方式让 IBM 赚得盆满钵满。所以，但凡是在高端存储市场上站稳脚跟的企业，都有极高的利润率。

但当一家企业的垄断程度和溢价达到不合理的程度的时候，就总会有"屠龙勇士"的出现。于是，EMC 出现了。

EMC 这家公司有一个特点，就是它早期的业务总是针对那些具有垄断性质的行业里的关键环节，推出可靠性很高的替代型产品。用今天的话来说，这是一家一开始就主打"大牌平替路线"的公司，追求的就是性价比。

历军好像也对我说过类似的话，当我问他中科曙光的存储相比于那些国际大牌企业有什么优势时，"性价比！"他脱口而出，然后补充道，"是极高性能前提下的性价比。"

当时，在大型机难以覆盖的市场上，一种相对便宜的小型机开始大行其道。不过，便宜也是相对而言的。无论是大型机还是小型机，都有一个特点，就是"越强横"的品牌，专用程度越高，兼容性越差，无论是配件还是服务，也都贵得惊人。对于这一说法，你看看今天的苹果公司就知道了。

EMC 针对这个特点，专门为那些买得起小型机但在升级内存上捏紧钱包的客户提供平替产品。凭借这个业务，1986 年 4 月，EMC 在纳斯达克上市。

上市一年之后，一个至关重要的人进入 EMC，那就是被称为高端存储之父的 Moshe Yanai。Yanai 开始独立带领一支团队，研发 EMC 的"封神产品"：Symmetrix。这个产品的设计理念很独特，但也很务实——使用量产的、公开销售的标准硬盘组成磁盘阵列，同时搭配 TB 级的超大缓存，使性能足以超越那些使用专用硬盘的昂贵大型机存储系统。

科技行业内好像有一个规律，那就是相对低端的产品，会在性能上不断升级，升级到一定程度后，就可以组合起来"干掉"更高端的产品。

EMC那时击败IBM如此，今天的分布式存储逐渐侵蚀集中式存储的份额，似乎也如此。再看看电动车领域，Tesla用一堆用在手电筒、充电宝上的18650锂电池拼出来的电动车，把传统车企打得垂头丧气，似乎同样如此。

这里还要提一个"隐藏BOSS"希捷公司，如今全球最大的硬盘企业之一。

和很多创新型企业一样，希捷也是两个出身于IBM存储部门的离职员工所创办的，他们早期跟随IBM的策略，同时关注技术进步。希捷是世界上第一家公开销售5.25英寸硬盘的企业，随后又收购了当时3.5英寸硬盘的领导企业，成为硬盘市场上的主角。

那么，希捷对于整个企业级市场的意义在哪里呢？希捷开发了许多划时代的硬盘产品，如第一款7200 RPM且采用Ultra ATA接口的台式机硬盘、第一款采用液态轴承马达的9GB BarraCuda4、第一款光纤通道解耦的硬盘等，还有在2000年首先推出的7200 RPM的IDE硬盘，以及后来的15000 RPM的Cheetah X15系列硬盘等。

除此之外，希捷公司为整个存储市场所做的贡献有以下三个。

第一，希捷成为第一家面向市场公开销售标准硬盘的企业，而在这之前，IBM 这种企业生产的集中式存储设备里的专用硬盘根本不对外销售。希捷公司打破了这个僵局，让许多基于标准硬盘的创新存储产品得以问世，EMC 就是一个典型的获益者。

第二，1979 年，当时还没有改名为希捷的舒加特技术公司，着手开发了一个并行智能外部设备接口，名为 SASI（Shugart Associates System Interface），即著名的 SCSI 规范的前身，为统一硬盘接口做出了巨大的贡献。

第三，希捷在产品制造上采取了垂直整合模式，也就是类似于今天比亚迪的模式（除了轮胎和玻璃，所有部件都自己造），这迅速降低了硬盘的价格，从另一个角度助推了存储市场的兴起。

让我们说回 EMC，它的 Symmetrix 产品有多成功呢？用数字说话。1990 年，当 EMC 进入大型机存储市场时，IBM 占据了 76% 的市场份额，EMC 只占据了 0.2% 的市场份额。然而，到了 1995 年，EMC 占据了这一市场出货量的 41%，IBM 的份额则下降到 35%，"小个子 EMC"正面击溃了"蓝色巨人"，从此成为集中式存储市场的王者。

不过，EMC 能取得如此惊人的成绩，除了产品做得确实比 IBM 更有性价比之外，还有一次历史事件超级背书的加持。

2001 年 9 月 11 日上午，恐怖分子劫持飞机撞向纽约世界贸易中心。这场灾难不仅让大量公司的数据毁于一旦，而且造成了巨大的人员伤亡和财产损失。

然而，9·11 事件过后两天，曾位于世界贸易中心的摩根士丹利证券公司便全面恢复了业务，在其迅速的应灾反应背后，有 Symmetrix 的功劳。

根据事后的披露，在这场灾难之中，EMC 存储产品的数据恢复和备份功能发挥了极为重要的作用，其中两个工具大放异彩，分别是实现在多个站点之间进行信息异地完全备份的 SDRF，以及为主机和开放系统信息存储器创建可独立寻址 BVC 卷的 TimeFinder。

可以说，9·11 事件是一次悲剧，但它用悲剧的方式证明了 EMC 保持企业业务连续性的能力。在这个事件发生之前，EMC 只是一家行业内较为知名的企业；但在事件发生之后，EMC 在整个社会层面都得到了广泛的赞誉，甚至成为一种坚韧精神的象征。

也就是说，在中国企业纷纷决定启动分布式存储业务的 2003 年前后，集中式存储尚如日中天。

但中国大部分公司为什么没有直奔集中式存储而去呢？对于各家企业来说，各种偶然事件可能起了推动作用；但总体来说，这意味着一个历史趋势的到来。偶然事件的案例有很多，比如，在 2006 年，中科曙光要开发一个大型的、高端的计算系统，规划的存储容量是 16PB。

容量并不是最关键的，最关键的是要把这个存储系统做成共享存储计算机系统，简言之，就是一种允许多个处理机或计算机共享同一个存储设备的体系结构。"各路诸侯"当时把国内做存储的企业甚至是高校都梳理了一遍，结论是当时根本没有共享存储的成熟技术。

顺便科普一下，共享存储计算机系统由于支持传统的单地址编程空间，减轻了程序员的编程负担，因此具有较强的通用性。但问题在于，早期的共享存储都是使用集中式存储的，多个处理机共享存储器使存储器性能成为系统瓶颈。

更重要的是，做集中式存储是要花时间的，以 EMC 为例，从找到技术专家到推出量产产品，足足用了 3 年多的时间。即使这样，第一批上市的产品还有不少缺陷，差不多到第四年之后产品质量才稳定下来。而且，在 2006 年这个时间点，几乎没有中国企业能用 4 年的时间研发出一个集中式存储设备，然后再把它变成共享存储计算机系统。

既然国内没有，那就只能求人。但令石油系统感到气愤的是，国际厂商不仅估出了这个需求的技术含量，还很清楚当时中国企业的技术解决不了这个问题。于是，它们报了一个天价。

这个价格高到什么程度？简单来说，如果按外方报价买了这套存储系统，那么这个高端计算系统就干脆没法做了，因为其他子系统的预算都被这个价格给挤压完了。

求人不得，还得靠己。

事实证明，关键时刻，还是"自家人"靠得住。有一家准备做共享存储计算机系统的国内企业发现，某个科研机构还真有一个分布式存储的技术原型。这个名字叫 LionFS 的分布式文件系统，是这个机构跟踪前沿技术的一个实验室产品，是一群研究生的习作，代码质量并不高，而且不具备一些分布式存储的高端技术特征。

但是，有总比没有强。这家企业秉持着"能自研就不买"的精神，最后还真的基于这套不成熟的代码，如期交付了性能达到预设指标的存储系统，也得到了用户的认可。

可以说，一个事件，对中科曙光从分布式存储出发，起到了一个很重要的牵引作用。这是偶然，也是必然。

如果从更大的历史背景出发，可以看到，尽管 9·11 事件后的集中式存储如日中天，但互联网行业的爆发引领了行业发展的另一个方向，也就是分布式存储的极大发展。

这里不得不提到谷歌在 2003 年发布的大数据"三驾马车"：GFS、MapReduce、BigTable。虽然谷歌没有公布这三个产品的源码，但是发布的这三个产品的详细设计论文成为分布式存储和大数据时代的开篇之作。

更具体地说，谷歌发布了"The Google File System"这篇论文，介绍了自己的 GFS，一个可扩展的分布式文件系统，用于大型的、分布式的、对大量数据进行访问的应用。它运行于廉价的普通硬件上，却能提供企业级存储才有的容错、备份等功能。

从根本上说，GFS 的原理就是把文件分割成很多块，使用冗余的方式储存于商用机器集群上；说得更直接一点，就是用一个很强大的分布式文件系统，管理一堆低端服务器，甚至是高配置的计算机组成的存储集群。这像是一头狮子领着一群羚羊在打仗。

如果说 EMC 打败 IBM，意味着物美价廉和开放的集中式存储可以击败无比昂贵和封闭的集中式存储，那么分布式存储和集中式存储，就完全是两个方向、两种完全不同的指导思想的产物。

GFS 作为分布式存储系统，完全是现实需求催生的产物，准确地说，是只有互联网时代才会催生的产物。

在互联网没有普及的年代，个体的人，是几乎不产生数据的，即便产生也无非是一些身份信息、银行信息、消费信息等小数据。此时网络传输主要服务于商务、政务需求。

这里闲插一笔，其实计算机早期的存储体系，反而不能称作"集中式存储"，因为只有把许多介质（最小的单位是一个硬盘，而不是一个盘片）集中在一起才能成为"集中式"，而早期大型机设备主要采取 DAS 方式，也就是直接连接存储。

你可以简单地理解为，取消今天使用的笔记本电脑里内置的硬盘，用雷电数据线或 USB 数据线连接一个外置硬盘盒后使用。

简单地说，DAS 就是一台大型计算机后面通过线缆直接连接的存储设备。这些存储设备大都是体积庞大、价格昂贵、容量很小的硬盘驱动器，在视觉上如同书柜或者冰箱，绝非今天消费者看到的 3.5 英寸或 2.5 英寸硬盘那么小巧。

随着计算机技术的发展，以及用户存储需求的增加，直连式存储系统在可管理性和性价比上显然不尽如人意。所以，20 世纪 70 年代，集中式存储系统开始被广泛使用，这种存储系统通过多个存储设备（比如硬盘和磁带等）构建一个软硬结合的系统，可以提供更高的可靠性、更大的容量和更高的性能。

值得一提的是，在早期标志性的集中式存储系统中，小型机霸主 DEC 公司推出的基于 DECnet 协议的产品，可被称为划时代的开山之作。这个业内第一台企业级存储系统并非基于通用协议，但不影响它受欢迎的程度。到 1983 年 5 月，该系统允许多达 15 台 VAX 计算机通过 DECnet 协议访问存

储设备（磁盘、磁带等）池中的共享文件，这就是我们上文提及的共享式存储的早期产品。

不过，共享式存储和集中式存储、分布式存储是三个不同的概念，不能对它们等量齐观。集中式存储和分布式存储的区别，主要体现在管理控制模式、文件系统和介质的物理分布上。共享式存储主要指的是访问存储的方式，换言之，共享式存储既可以访问集中式存储设备，也可以访问分布式存储设备，它不是存储领域的"第三条路径"。

不过，在集中式存储的发展历程中，EMC、Novell、IBM、SUN、3Com、微软等公司都有突出的贡献，共享协议的百花齐放就是最具代表性的体现。共享协议这一领域的第一次集中爆发式创新集中于二十世纪八九十年代。当时的中国 IT 行业在民用领域还处于用进口散件组装计算机的阶段，自然无力参加这场激烈的国际竞争，这又为之后中国存储产业的追赶之艰难埋下了伏笔。

但对今天仍有巨大影响的是，当时如日中天的 SUN 公司发明了真正的 NAS（Network Attached Storage，网络连接存储）存储系统。该系统通过标准的以太网协议实现了存储资源的共享。NAS 存储系统最大的特点是基于文件系统（NFS 文件系统）的共享，在存储系统端构建文件系统，客户端可以通过协议（RPC）映射到本地。

NAS 存储系统虽然是在集中式存储发展的过程中产生的

发明，仍然是服务于集中式存储的，但事实上成为此后广义上的分布式存储（以及广义上的软件定义存储）的重要基石之一。不过，从形态上来说，由于介质的进步和以太网协议的出现，集中式存储渐渐从单一的"大柜子"变成了数量更多、体积更小的"小柜子"。

对块存储影响巨大的 SAN 存储系统也在 1997 年登上历史舞台，它代表了存储集中化的另外一个方向，也就是基于光纤网络的通信和基于块的存储池系统。SAN 存储系统提供的是块存储的形式，对客户而言，它在客户端上呈现的形态如同本地磁盘。这种方式极大地改变了存储系统的使用方式，让其以用户为中心导向，变得更为便捷。

回到应用侧，随着 Windows 95 和个人互联网时代的到来，不仅每个电脑的使用者会产生数据，而且大量传统产业的数字化也会产生大量的数据。比如，传统的报纸被新闻网站取代，新闻机构就成了数据的生产者；大量的电影、音乐被消费者共享，消费者也成了数据的产生来源。

如果说一些传统的互联网企业（比如新闻网站）对于用传统存储设备来存储信息的成本还勉强可以接受，那么谷歌这种每天产生天量数据的公司，就无论如何也承担不了集中式存储的成本了。

谷歌的基本商业模式是搜索。搜索的工作原理是用机器爬虫去索引每天新增的网页信息，然后将结果变成一个超链

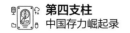
接放在搜索结果栏里，用户通过点击这个链接跳转到原网页。

但谷歌每天要索引多少数据呢？对这一问题业内没有特别准确的答案。但是在 2012 年的一次行业会议上，谷歌曾经分享过一个数据，表明 Googlebot 网页爬虫每天都会"爬"过大约 200 亿个网页，而在总量上，它追踪着 300 亿个左右的独立 URL 链接的更新。另外，谷歌每个月都会接到大约 1000 亿次的搜索请求。可以说，互联网上基本没有什么信息不在谷歌的可抓取范围中。

这些索引必须被放在谷歌自己的服务器上，而且它们不会被删除（除非原网页被删掉，但即使如此谷歌也会提供快照），这就导致谷歌对于计算和存储的需求是没有上限的。

正是在这种巨大的成本压力下，本身就有很强技术能力的谷歌，开创性地提出了分布式存储的方式，并引发了一场存储行业的革命——分布式存储要用更便宜的硬件，做出主要指标不输于传统存储的产品。不仅如此，紧随其后的于 2004 年公布的"MapReduce: Simplified Data Processing on Large Clusters"论文描述的大数据的分布式计算方式，在主要思想上和分布式存储是完全相同的，也就是将计算任务分解，然后在多个处理能力较弱但很便宜的计算节点中同时处理，然后将结果合并，从而完成大数据处理。

一种说法是，谷歌把所有索引的页面都放置于自己的集群上，然后每天使用 MapReduce 来重算。

从此，分布式计算和分布式存储相生相伴，为要处理海量但重要性不那么高的数据（业内的说法是消费级数据）存储的互联网公司，提供了一套成本低廉的解决思路，从另一个维度助攻了互联网产业的发展，乃至整个社会的数字化发展。

当然，早期的分布式存储并不完美，在可靠性上无法与集中式存储相比。但它与分布式计算结合后所具有的优势，除了廉价，还有前所未有的大数据量和超大规模集群的管理，这些都为此后的"ABC 融合"——也就是 AI、大数据和云计算的诞生、发展和融合，贡献出了许多宝贵的技术灵感和思想。

据我了解，至少当时中科曙光内部关于优先发展哪种存储的争论暂时停止了，大方向被确定下来——优先发展分布式存储，迎接大数据时代的到来。

但历军也强调，务必要积累集中式存储的技术，以待在对存储的技术和应用有更深的理解、能投入更强大的团队进行研究时，再冲击这个存储领域的制高点。毕竟，中科曙光的用户范围很广，一部分用户对集中式存储有刚需，另一部分用户则对高性价比的分布式存储的渴求程度很高。

但是，随着分布式存储方向的确定，一个新的问题又出现了，它给业内带来的困惑，应该如何解决呢？

第三章
中国企业级存储
早期技术发展之路

只搞自研

在中国企业决定进入分布式存储市场的决策时刻，有一个重要的问题自然而然地被提了出来——中国的分布式存储产业道路，到底是使用当时十分流行、获取也很方便的文件系统（比如 Lustre），还是从底层开始自研一个拥有全部自主知识产权的分布式文件系统？

后者不但花费更高，而且成果也会来得更晚；而搭载前者的一些进口的集中式存储产品，已经开始在市场上攻城略地。相比之下，前者的诱惑是十分明显的。

在此后的几年里，更多的开源文件系统也出现了，很多存储企业决定用 Ceph 文件系统[1]，就和现在大部分的手机厂商都用安卓系统一样。2004 年，Ceph 项目启动，开始提交代码。2006 年，在 OSDI 学术会议上，Sage Weil 发表了介绍 Ceph 的论文，并在该篇论文的末尾提供了 Ceph 项目的下载链接。2008 年这一系统正式开源。

有趣的是，Ceph 的吉祥物是"Sammy"，一个香蕉色的蛞蝓，一种头足类无壳的软体动物。它的特点是有很多触角，这被看作对一个分布式文件系统高度并行的能力的形象化比喻。

1　Ceph 是加州大学 Santa Cruz 分校的 Sage Weil（DreamHost 的联合创始人）专为博士论文设计的新一代软体分布式文件系统。

但是，选择 Ceph 也是有风险的。例如，作为一个文件系统，Ceph 此后和 OpenStack 的对接成为行业的大事，后者作为一个开源的云计算管理平台，成长势头强劲，吸引了众多 IT 厂商的支持和参与。但正是众多厂商的参与，导致其混乱、缺乏协调的发展状况。而且厂商之间存在利益冲突，它们都想用自己基于 OpenStack 开发的产品来替代开源产品，以此获利。

显然，开源系统也存在各种各样的麻烦，但毕竟有上马速度快、推出产品快、商业回报快的优势。它对一些没有抱定自研路线的企业而言，还是很好的选择。

有技术实力也坚持自研的企业，比如华为，则存在发展节奏的问题。华为的数据存储业务是从集中式存储切入的，2004 年前后正处于打基础的时期。然而，华为数据存储当时的资源，似乎也不足以同时支持集中式和分布式两个方向的全自研，所以华为选择了优先发展集中式存储，其分布式文件系统的开发则从 2012 年才开始。

2005 年晚些时候，已经接手中科曙光存储产品线的惠润海，坚定地投了自研路线一票，在当时主流企业中独树一帜。这个决定，部分源自惠润海在工作实践中的痛点。

前面提到，早期中科曙光开发过基于 SCSI 的较为简单的磁盘阵列，但是性能始终不强。这在某种程度上表明中科曙光的重视程度不够，没有分配太多的资源来支持 SCSI 磁盘阵列的发展，惠润海很不甘心。另外，中科曙光的服务器大卖，但在没有配套的存储产品的时候，也代工生产过一些知名原始设备厂商的存储产品，但始终感觉不尽如人意。

"其实为原始设备厂商代工并不是什么丢人的事，例如EMC 公司的明星产品 Symmetrix 的多个系列，都曾找惠普、戴尔等拥有庞大服务器业务线的公司代工，人家也卖得很好，也赚到了钱。"惠润海说，"后来我想清楚了一件事，那就是赚钱主要取决于规模，中科曙光虽然市场份额不低，但终究不是一家规模导向型的企业，而是一家高技术、高性能导向型企业。因此，代工对我们的吸引力没有那么大，我们更喜欢卖自研的产品。因为你做一代产品，就有一代的技术积累，这是你代工任何产品也无法获得的，这在我们眼里是非常重要的。"

"有人说，'这跟你们出身于科学院体系有关'，我不否认这种说法。我们做事有一个特点，就是在同等情况下把性能做得高一点，尽量做出差异化的优势，这对我们来说比较容易。因为我们是做高性能计算出身的，把超级计算的技术下放一些到服务器产品上，那就是妥妥的'黑科技'，所以我们最坚定的客户群体是那些特别懂 IT、懂技术的客户，比如石油系统的用户，他们太熟悉超级计算了；但从另一个角度上说，在营销上、规模化上，我们的一些产品做得就不如联想、华为这种在营销上更狼性的企业。"惠润海总结道："所以我们做代工的优势是不大的，利润也会受限于规模。反之，深度自研虽然一开始压力很大，但技术成熟后就能把成本打下来，把利润做起来。"

"如果一定要找一个理由，那就是我们为了技术上的极致追求和家国情怀，宁愿在规模化上付出一些代价吧。"惠润海深沉而缓慢地说出了这句话。

由此，惠润海坚定地认为，分布式存储产品一定要走自研的路线。另一重原因则是，在 2009 年这个时间点，分布式文件系统，GFS 一家独秀的状态早已不复存在。

当时的分布式文件系统市场可以说群星闪耀，其中有些是发展多年的老产品，也有不少是大数据革命后出现的新秀。

国际大厂商纷纷进入分布式文件系统市场，反而极大地推动了中科曙光这样的中国企业自研分布式文件系统的决心，因为从大趋势来看，它们的选择显然符合主流方向。

历军认为，这个选择是水到渠成的。因为作为一个相对晚到的"新玩家"，要想实现市场份额的逆袭，就必须发挥钻研精神，从底层代码开始，一行行地构建自己的分布式文件系统。只有如此，自研的分布式存储产品在未来的市场挑战中，才能拥有足够雄厚的技术优势，才能拥有真正意义上的代码级优化能力——用技术打开市场，是中科曙光等企业始终坚持的精神内核。这一次，这种精神完整地传递到了存储业务上。

但是，在一个相对晚入场的市场里耗费时间进行纯自研，不仅会延后产品上线的时间点，还需要更长的时间来摊薄研发成本。带着这个问题，惠润海去请示历军时，手里可以说是捏了一把汗。

但惠润海永远不会忘记历军给他的回答："存储这条线，我们一定要做，一定要自研，一年做不成，就三年五年，三年五年不成，我可以等你十年。但只有一点要求，我们一定要做出有自己独特竞争力的技术和产品。"

后来，当我当面向历军求证时，他坦言记得自己说过的这番话，而且还补充了一句，说"填补技术的空白就是我们的使命，是我们的第一性原则"。

事实上，历军对存储的支持不是口头层面的，他批准了一个引进存储人才的岗位招聘需求，人数相当于当时整个公司研发人员的 10%~20%，同时同意在今后几年里投入数以亿计的资金。对于当时的中科曙光来说，这是一个严肃的、重大的决定。

历军决心已下，惠润海全面负责存储工作。那么，下面就需要找到技术上的主力了。

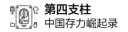
生逢其时

2009 年的秋天来得很早，当时在北京蓝靛厂附近，有一家规模不大不小的新疆餐厅，餐厅空气中永远弥漫着孜然和洋葱的香味。这天中午，一个包间里坐了 13 人，显得满满当当。这些人的气质都颇有特点，形象都介于纯粹的学院派和公司高管之间，如果非要找一个词来形容，那就是资深工程师。

在这群人中间，最年轻的是一个叫苗艳超的人，当时他 37 岁，刚刚从中科院计算所辞职，进入中科曙光工作。他是这天的主宾，却显得有些拘谨。

负责请客的是历军，他以总裁的身份请苗艳超吃饭，既是表示欢迎，也是表示重视——因为随着苗艳超的到来，中科曙光分布式存储的研发就算正式立项了。

如果从辈分上来排，孙凝晖院士和历军都是李国杰院士的学生，而苗艳超是孙凝晖院士的研究生，所以历军某种程度上是苗艳超的师叔。但这次请客并不是因为这一重关系，而是历军为表示对存储业务的重视。

"我真的想不起历军那天说什么了，"苗艳超说，"我就记得两句话。一句是说'存储就算开局了，一定要搞好'；第二句是说，'要长干，要干长'，这句话我印象特别深。"

苗艳超进入企业有一些机缘巧合。他本是计算所的 98 级研究生，早该在 2003 年就毕业找工作，但偏偏非典型肺炎到来，让他的毕业论文答辩一再延期。于是导师孙凝晖院士跟他说"干脆就留所工作吧，还可以给你多算一年工龄"，于是苗艳超留了下来。

在留所工作的 6 年里，苗艳超并非专攻存储——他研究过视频点播，跟踪过 IBM 的分布式技术，还用大量的时间参与了曙光 5000 高性能计算机、曙光 6000 高性能计算机的体系架构和操作系统的软件工作。在这些工作里，他多次被分配参与文件系统的设计，进一步熟悉了文件系统和存储体系。

同时，37 岁的苗艳超，也迫切地希望走出纯粹的科学研究机构，到真正的存储市场上去看一看。"我这个人的性格比较随性，但能够在 37 岁那年做出一个果断的决定，主要有三个原因。"苗艳超告诉我。

第一个原因，苗艳超认为自己不太适合单纯的学术工作，"只做学术，最重要的是发论文。在计算机这个大领域里，你只要找到一个别人没有涉及过的点，弄出一个实验成果，就可以发表论文了。论文发表了，这个方向落不落地、应不应用，并不受关心；而我不喜欢这种感觉，我不喜欢这种'发表后就不管'的做法，我的老师孙院士、我的老师的老师李院士，都是在现实中做出过巨大成就的人。我希望我的所学也能得到应用。这就决定了我必须去企业。事实上，我到企业后这么多年，一篇学术论文也没有发过，但这不会影响我的获得感，因为我们团队做出了好的产品，有好的市场转化。"

第二个原因，是因为去企业可以独领一军，"当时为了研究存储，我还从所里带了几个人出来，历军总裁也给了我足够的重视。我当时在想，其实中国的计算机科学领域内可谓是人才济济，而空白的领域本来就不太多。现在，既有一个空白的领域，又能够让我带队负责去耕耘这个空白的领域，这是一个在新白纸上从头开始画画的事业，我想 90% 的博士都找不到这样的机会和空间，所以我就更珍惜了。"

第三个原因，是苗艳超带来了一颗"种子"，也就是我们前面提到的 LionFS，一个纯实验室环境下的分布式文件系统的原始版本。

苗艳超说："其实，很难说这个 LionFS 是谁做的，因为只要是先进的技术，研究所就会跟踪，所以 LionFS 上既可以看到传统分布式文件系统的一些影子，也可以看到在 GFS 理念的启发下形成的一些影响，这是一颗有灵性的种子。不过，它更多的是研究生们练手的习作，代码很幼稚，也不支持分布式文件系统的一些高级特征，或者说得准确一点儿，是还没有验证这些特征。"

"我想着把它带过来，却并不认为它可以直接使用，"苗艳超说，"但它多少是一个分布式文件系统的雏形，我们可以从中找到灵感，我们也可以完善它。"

由此，苗艳超的到来，意味着这颗种子开始发芽、生长，也意味着 ParaStor 分布式文件系统的 1.0 时代正式到来——在国内 IT 企业中，中科曙光是第一家不基于任何开源代码而独立开发分布式文件系统的企业。

能够证明历军当时决策正确性的还有一点——尽管已经15 年过去了，中国仍然仅有中科曙光和华为拥有完全独立的、闭源的、自研的分布式文件系统，当年许多信誓旦旦要研究分布式存储的企业，多半走了用开源软件或者购买商业分布式文件系统授权的方式来发展业务，这种发展事实上就是基本不发展自有技术。

市场的反应也很直接，这仅有的两家企业自有闭源分布式文件系统，牢牢占据软件定义存储市场的前两名，它们的市场份额咬得比较死，经常在排名上互换位置。但无论怎么竞争，它们都是市场上稀缺的存在，那些采用开源系统或者代理成熟系统授权的存储企业，无论如何也挤不进赛道的头部。

这种结果无声地验证了历军当年的决定——我可以等你们 10 年，但只有一点要求，我们一定要做出有自己独特竞争力的技术和产品。

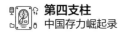
弄潮儿

虽然中国企业在 2009 年才进入分布式文件系统的大开发，但从全球维度上来讲，这是一个坡长雪厚的赛道，所以中国企业的这个时间点并不算晚。即使到今天，我们也把分布式存储看作整个存储市场的新生力量，因为集中式存储还是占据"半壁江山"的主流选择。

不得不说，选择自研分布式文件系统的中国企业，运气都不错，因为就在这十来年中，分布式踏上了信息产业历史性大变革的浪头。在这一波以大数据为引领的变革中，分布式存储焕发出了奇光异彩，而坚定选择自研者，可谓生逢其时。

赶上一次历史的风口，是许多人、许多企业一生求而不得的事情。

虽然，在这些企业为分布式文件系统做布局的时候，团队只有区区几人，但它们踏对了时间点，与世界范围内大数据产业的爆发是同频同步的。中国自己的存储产业，在一个非常正确的时间点开始奋起直追，使得至少在软件定义存储（以及分布式存储）这个细分赛道上，我们与世界领先技术发展的时间差缩到了最小。

为什么这么说呢？因为 2009 年，是我们公认的移动互联网的元年。移动互联网时代的数据爆发，和 PC 互联网时代完全不可同日而语。

时间进入 2010 年，这一年的一件大事是，成百上千的团队在汹涌的风险投资下涌入团购市场，成百上千的企业上线团购系统，带动了服务器和存储市场的火爆。

不论是美国，还是 PC 互联网时代的中国，都不曾出现这个创业图景——成百上千的创业团队参与竞逐一个赛道，这种既壮观又残酷的场景，而后居然成为中国移动互联网竞争的标准范式。千团大战如此，外卖大战如此，共享出行也如此……

可以说，这个创业图景框定了下一个十年里中国互联网产业的基调——基于应用导向和需求导向，快速开发新应用产品和扩大新应用场景，利用智能手机大发展带来的互联网超高渗透率和超大市场空间的打开，打一场以 10 亿量级潜在用户群体为标的的"总体战"。

也可以说，这些大背景、大环境与分布式存储发展节奏的暗合，是中国存储领域的一件幸事，为今天中国存储产业的辉煌打下了根基，为中国存储事业的腾飞创造了风口。

从历史上看，很多因果是相互纠缠的。客观地说，今天中国存储市场的头部企业在分布式和集中式存储领域都取得了各自的成功，这一点后面还要详叙。不过，必须指出的是，这一次存储行业的崛起，第一是因为踩中了分布式存储的风

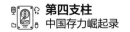
口，第二是因为分布式存储和移动互联网、分布式计算、云
计算、大数据等技术的发展，都是相互融通、互相促进的；
而有了足够的积累后，才会有继续攻坚的储备。

前文说过，PC 互联网已经催生出一个分布式计算、分布
式存储的新格局，而移动互联网时代的用户、场景、数据的
爆发当量，都至少是 PC 互联网的十倍甚至百倍。所以，真正
让分布式存储大放异彩的，可以说是移动互联网时代的到来。

随着个人计算机和互联网的发展，人类"生产"数据的
能力空前增强。中国有 11 亿网民，数量难以计算的联网手机，
这些手机全部都是实时在线的，这是人类社会诞生以来从未
有过的奇景——在全球有几十亿人用一种设备，通过各种文
件系统，随时访问世界各地的服务器。

此外，和"小数据"时代不同，人类访问数据、创造数
据的行为也在与日俱增。在大型机时代，需要存储的主要是
大型机构的经营数据、管理数据。现在，不同的是，互联网
服务器上存储的大多是所谓"消费级数据"，比如各种多媒
体文件、聊天记录、游戏存档、社区分享，等等。它们对于
个人而言可能是珍贵的，但总体上对于可靠性的要求远远低
于大型机构（如银行）核心数据的要求，但数据量级则是"大
型机＋集中式存储时代"的许多倍。

就以中国为例，根据 IDC 的预测，2025 年全球数据总量
将达到 175ZB，这个数字相当于 3500 亿台容量为 512GB 的

高配置手机容量的总和，如果按全球有 40 亿台智能手机来计算，这个数据容量可以供 87.5 个地球使用，而中国数据圈（即每年被创建、采集、复制的数据之和）是全球的 27.8%，是全球数据圈中最大的，也是增速最快的。

这就需要人类去改变思路，用一种更有拓展性、更有弹性，同时兼顾可靠性的高性价比的存储系统，来挤掉一部分性能不是那么极致，但仍旧昂贵的集中式存储设备的市场空间，从而应对浩瀚无边且日益增长的消费级数据的存储需求。同时，这个存储系统还要与互联网的商业模式有特别好的适配性，与分布式计算也要配合默契。

中国存储产业赶上的就是互联网发展的 2.0 时代，也就是移动互联网到来后的一个数据空前大爆炸的时代，一个存储行业做梦也想不到的时代。

更为重要的是，移动互联网的到来，催生了三个早有概念，但直到移动互联网时代才大放异彩的技术的迅速商业化，即 AI、云计算和大数据。它们对存储的拉动，和移动互联网类似而又有根本性的不同，这一点我们将在后面的章节里详细叙述。

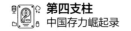
ParaStor 的进击

让我们首先回到地面上来，看看移动互联网时代早期分布式存储的发展格局。

根据 CSDN 的一篇文章介绍，具有开创意义的 GFS 是人类进入分布式存储的标志性产物，本质上来说，也是谷歌为大规模分布式数据的密集型应用而设计的可扩展的分布式文件系统。

谷歌作为一家改变行业面貌的企业，将成千上万台个人计算机连接成一个大规模的 Linux 集群，该集群具有高性能、高可靠性、易扩展性、超大存储容量等优点。虽然也有一些缺点，但它带来的灵感启发了后续许多分布式文件系统的发展，所以在分布式存储的历史上地位很特殊。

GPFS 也值得一提，它的全称是 General Parallel File System，是一款由 IBM 开发的高性能并行文件系统。高贵的"蓝血"出身，让它一开始的目标就是服务于大规模并行计算环境，支持在多个节点上同时访问和操作文件，提供了极高的 I/O 处理能力和数据一致性保证。

值得一提的是，GPFS 架构的独特之处在于它能够在资源组内的所有节点上并行访问整个文件系统，使得多个节点可以同时安全地执行针对此文件系统的服务操作。当然，这些优点也逐渐被后起的其他分布式文件系统所吸收。

前文提到了 Ceph。可以说，直至目前，Ceph 还是没有成为自研分布式文件系统的存储服务器厂商的首选。

苗艳超并没有被这些光彩夺目的分布式文件系统所吓倒，他步步为营、精打细算，为刚刚诞生的 ParaStor 设计了一条踏实的成长路径。说来简单，但真正做起来，是很难的。

分布式存储出现的场景，是为了解决互联网公司海量数据的存储问题，控制成本是最开始的核心目标。

但控制成本不能以牺牲性能为代价，至少不能容忍过多的性能损耗，所以分布式存储的精髓是以软件的能力，弥补硬件的不足，最终提供一种用户可以接受的，在可靠性和性价比之间动态平衡的产品。

"你可以设想一下，总体容量为几十、几百 PB 的硬盘，分散在成千上万台服务器上，它们之间要通过通信协议来协同，使得用户感觉像是在操作一台个人计算机，就如面对一块硬盘一样轻松、简单，这要涉及多么复杂的调度和设计。"苗艳超说，"所以，我经常和同事强调一个'37 原则'，即在分布式存储的代码里，只有 30% 是用来维持系统正常运转的，70% 的代码是用来解决随时出现的问题的。涉及上万台机器的集群，不可能不出问题，硬盘坏了、断网了、死机了，甚至整个区塌陷了，都需要用软件来弥补和解决。所以，从某种程度上说，分布式存储除了有技术上的特色，还有一种特殊的软件艺术的美，是无数有灵感的大脑全力以赴打造的一种高度智慧化的人类智慧的结晶。"

然而，这种"艺术的美"并不是轻易达成的，相反，基于 LionFS 来打造 ParaStor 的第一步就很困难。具体体现为，在总量近百万行的代码中，至少有 40% 要被修改或重写，这样才能达到让 ParaStor 1.0 正常运转的程度。

更令人着急的是，这里并不是研究所、大学，而是一家企业，而且是一家世界级的高性能计算企业。苗艳超在 2009 年才加入企业，但那时即将在 2010 年亮相的"曙光星云"，对于存储子系统已经处于一种"等米下锅"的状态。

"曙光星云"来头极大，是中国自主研发的第一台实测性能超千万亿次（每秒浮点运算次数）的超级计算机，由中科曙光公司、中科院计算所和国家超级计算深圳中心共同研制，是世界上第三台同类计算机，作为为它配备的高性能并行存储设备，ParaStor 所背负的期待可想而知。

研究存储绝不是一条好走的路。从 2005 年就开始负责中科曙光存储业务的惠润海在回忆后指出，2004 年是存储的瓶颈暴露得比较明显的一年，这也是为什么公司决心在这一年重点投入存储。但是，由于投入规模等问题，这个问题并没有很快得到解决。

具体而言，在 2009 年以前，中科曙光还在使用或部分使用 Lustre 文件系统，但在惠润海接手的这一年，Lustre 暴露出来的问题已经到了无法接受的程度，他说："Lustre 是一个被广泛应用在并行式计算中的文件系统，但是存在大量的历史问题，包括程序缺陷比较多，特别是有一些程序缺陷解不开、绕不过，等等；另一方面，公司的高性能计算开发可谓一日千里，年年翻新，加上当时机械硬盘的性能基本被挖掘殆尽，开发新存储系统的紧迫性不庸赘言。"

"始终是高性能计算的需求推着存储往前走，"惠润海说，"此后才是服务器市场。"

2006 年以来，火烧眉毛般的需求接踵而来，2009 年刚刚加入的苗艳超缺兵少将，却又必须披挂上阵。

"我们当时的考虑是做减法，高端存储的各项指标在存储领域基本都要达到最高，整体性能、IOPS、延迟、扩展性、稳定性、安全性等，统统都要达到最顶尖的水平，但这对于只有几个月研发时间的 ParaStor 1.0 来说，并不现实。"苗艳超说，"所以说，我们给自己定的目标是，在 1.0 阶段，ParaStor 的主要需求是要支持 POSIX 高性能文件协议。这个协议面向高端计算应用场景。简单说，我们就是要解决当时手里的存储技术成为系统瓶颈的问题。"

"但我们也有一个相对有利的条件，就是这台超级计算机的定位，对于存储系统的要求不是水桶式的，而是有科学计算的特点。"当时存储子系统的研发负责人、现负责存储研发的曙光存储副总裁郭照斌说，"一般来讲，有些机构要求的是稳，比如数据的安全性；有些要求的是快，比如处理大量并发需求的交易系统……而我们这台超级计算机主要服务于科研、气象等服务，相应的特点是速度要快、一致性要好，但对数据的长期稳定性的要求相对低一些，因为科学计算的特点就是要进行高频、多次的运算。比如，天气预报对时效性要求很高，但对数据保存的需求就没有那么强调极致性能，因为很多实验、测试的数据，算完就可以清零了，并不需要长期保存。"

"怕的就是水桶式的要求，相反，只要不要求五根手指一边齐，我们就有腾挪的空间。"苗艳超说，"每个分布式存储的工程师都是平衡大师，如果你对数据保存的要求高，那就给你留出更多的备份空间，代价就是整体空间利用率的下降；如果你极致地要求快，那么系统的上限就要高……而我们最终的目的就是设计出一套可以让用户可以根据自己的需求来动态调整的系统。"

任何困难，怕的是没有解决的方向。有了方向感，苗艳超当时出动全公司，甚至连办公室人员都去给深圳的这台超级计算机布线，在焚膏继晷、夜以继日的苦熬之后，他终于在整个系统交付之时拿出了一份合格的答卷。

如果再去找当年的汇报，你会发现，在超级计算机被强调的 6 大优点中，没有一点提及存储子系统 ParaStor 200（基于 ParaStor 1.0 的定制版本），但也没有任何关于存储系统会成为系统短板的报道。所以，从某种程度上来说，这套系统对于这台当时中国的最强超级计算机来说，可能提供的是一份"合格"的答卷，但如果考虑到该系统屡弱的技术基础、极少的人手、仓促的时间，苗艳超的首次亮相之作应该得到一个"良好"的评价。

但苗艳超对 ParaStor 1.0 很不满意，特别是他认为的一些高级特性，比如纠删码等都没有在这个版本中实现，这是令他寝食难安的。

也正因如此，他憋足了气力，要在接下来的版本中，拿出一套真正能够与国际品牌相媲美的系统。

更重要的是，如果中国企业不掌握分布式存储的核心文件系统，我们就丝毫谈不上在这个领域具有国际竞争力。要知道，凡是在这个市场取得一定成绩的国际巨头，都有自己分布式文件系统的全栈技术。

第四章
早中期的企业级存储市场

Chapter 04

每条路都有合理之处

在审视中国存储市场早中期的格局的时候，我们需要了解一个前提。那就是，存储是一个有很多细分赛道的领域，按最粗略的划分，可以分为集中式和分布式，按比较新的概念，则分为传统企业级存储（集中式）、软件定义存储（分布式）和超融合（虚拟化）。

上面的分类只是基于技术属性的简单划分。事实上，大部分企业，甚至包括老牌外企，都很少以所有的产品线都全部自研为策略，而是主要产品线有自己的主打产品，其他产品线则采用开源系统或者别家的明星产品的代工/贴牌产品，比较现实。比如，戴尔和惠普都是很成熟的存储企业，但也都为 EMC 的产品做过代工，戴尔甚至最后买下了 EMC。

前文曾概括性地提到，在 2003 年 GFS 的火爆之前，大部分存储都是集中式存储，价格高昂但性能出色。对应到国内市场，也是如此。例如，大型政企、银行、金融等领域都会毫不犹豫地选择集中式存储，因为它们要求把性能和稳定性放在第一位，这一要求在今天也如是。

即使用最新的数据来看，2024 年第 1 季度中国存储系统市场也呈现多元化增长图景，其中传统企业级存储系统（TESS，可以简单理解为集中式存储）继续稳步前行，展现出其坚实的市场基础。同时，新兴技术如软件定义存储

（SDS，多为分布式存储）和超融合基础设施（HCI）呈现强劲的增长态势，凭借技术和灵活部署，在兼顾成本效益的同时迅速满足行业应用需求，市场规模分别同比增长 20.4% 和 15.8%。

总体来说，传统企业级存储和新兴技术大约各占市场50% 的份额，这和当年分布式存储崛起时，有人预测其能够在 20 年内彻底取代集中式存储的预判，有很大的差距。

另一个值得研究的方向是，国内存储企业的发展模式和市场格局。

前文说过，华为是较早自研集中式存储的企业。宏杉科技在这一领域也有一定的影响力，这家企业成立于 2010 年 5月。在其创始团队特别是企业级存储研发团队中，有一部分人来自当初的杭州华三通信技术有限公司（以下简称华三）。华三曾经有一个比较强大的企业级存储研发团队，其前身是新华三技术有限公司（以下简称新华三）的一支研发队伍。这支队伍的人后来基本都全部离开华三进入了宏杉科技，所以宏杉科技也算是中国最早研发企业级存储设备的企业之一，其目标也从来没有改变过：为用户提供企业级数据存储和数据管理解决方案。

宏杉科技成立伊始就加入了全球网络存储工业协会SNIA，成为中国首家投票会员。宏杉科技开发的全自主核心存储系统 ODSP，持续迭代更新至今，已有将近 2000 万行代码；2020 年，宏杉科技的产品 MS700G2-Mach 参加了 SPC-1 测试，取得了 IOPS 性能全球第一的成绩。

还有一类企业，选择了代理或与国际巨头合作的路线。

其中新华三就很有代表性。2003 年华为 3Com 技术有限公司成立，2016 年新华三成立，紫光与 HPE[1] 分别持有新华三 51% 和 49% 的股权。

新华三成为 HPE 品牌服务器、存储产品及相关技术服务在中国的独家供应商。直到 2023 年 1 月，紫光股份宣布，公司通过全资子公司紫光国际信息技术有限公司继续收购新华三 49% 的股权，紫光国际信息技术有限公司实现了对新华三 100% 持股。

可以说，新华三用二十年的时间成为信息与通信技术领域具有竞争力的解决方案供应商，在企业级存储市场提供多种高附加值的产品与解决方案，包括新华三 HPE Alletra 系列智能闪存存储，以及新华三 HPE MSA 智能混闪阵列等明星产品。

此处如此详细地介绍新华三的代理路径，是想说明，也有很多中国企业通过和国际巨头合作，把一些先进的、有竞争力的产品和技术引入了国内市场。它们客观上是中国本土

1　HPE 的全名是 Hewlett Packard Enterprise 公司（NYSE:HPE），它是从惠普公司拆分出来的，也是年收入高达 530 亿美元的企业级技术领导厂商。

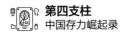
存储企业的产品竞争对手，但也用引进的先进产品和技术提高了技术竞争的基线，一定程度上激发了中国本土企业的发展动能，所以在中国的企业级存储市场上，有必要介绍它们的存在。

一个成熟的高性能计算和服务器厂商自然不会忽略高端用户的高端需求。中科曙光虽然会灵活地给用户提供更多选择，但它从没有放弃自研高端存储设备的想法。

在自研产品方面，惠润海很清楚地记得，中科曙光最早攒出来的第一个存储设备，就是一个 SCSI 双控磁盘阵列，控制器来自中国台湾地区的企业世仰科技。简单地说，就是找一个机箱，用"飞"SCSI 线的方式把几块硬盘盒连接起来，然后加一个控制芯片。这样的产品在稳定性和成熟性上都很稚嫩，但已具备当时能做到的最高水平。

这种存储子系统的水平，显然与中科曙光先进的超级计算整体能力完全不匹配。就好像一台设计先进的隐形战机，用的还是上个世纪生产的雷达系统一样，很不协调。

不过，客观来说，当时中国大陆的存储企业普遍都比较孱弱。相反，随着标准的 IDE 硬盘的普及，中国台湾地区的一些企业通过搭配 RAID 卡和自制机柜的模式，开始进入入门级集中式存储设备的领域。但这并不能说明这些企业在 RAID 领域或核心的文件系统软件技术上实现了重大进步，它们最多只能实现优化而非创新，所以其产品难以被认为代表了中国存储领域的标志性进步。

但就当时的产业环境而言，这些由豪威集团、世仰科技、Infortrend 提供的集中式存储产品，的确解决了不少预算不足但又希望能部署超级小型机或 x86 服务器的企业的刚需，所以我们在讨论中国存储产业时，不能忽视这几家企业的存在。

另外，部分有志向的国内企业，虽然当时选择了自研阵列，以及代工或引进欧美国家、中国台湾地区等 IT 行业中领先企业的产品、技术，但它们没有止于代理或代工，而是对拥有自主的存储技术一直心存念想。

只要有条件就尽可能走底层研发路线的环境，才是诞生优秀企业的文化土壤。在当时国内的 IT 企业中，选择底层研发路线的企业并不太多。后来，历史证明了，正是这些逆潮流企业的"不死心"，中国存储产业才最终在二十一世纪的第二个十年过半的时候，在某些领域做到了对国际最高水平的赶超。

由此可见，技术比拼并不只是技术的比拼，技术背后的价值观和抱负才能决定终局模式，尤其是在存储这种"坡长雪厚"的赛道中。

自研路线的积极推动者的思维仍然是产业式的。即使他们希望解决中国存储产业底层技术落后，大量的存储需求都有赖于引进或代工的问题，但他们还是不赞成在公司内部重新组建一个"小研究所"这种研发投入方式，而是寄希望于通过市场和技术两条腿走路——也就是先进行技术投入，待到形成一定的产品优势时，通过市场来检验产品、回笼资金，进而再次投入研发。他们认为这种模式有助于形成更有利的产品，然后将产品创造的利润投入研发，如此形成一个闭环，只有这样方能持久。

因此，当苗艳超带队把第一个基于 ParaStor 1.0 版本的产品商业化，并应用在某个超级计算中心部署的超级计算机后，他来不及痛饮庆功酒就接到了新任务——尽快在 ParaStor 1.0 版本上迭代，拿出具有市场领先性的下一代分布式文件系统产品。

一个目标

存储领域在整个 IT 行业的发展中，的确不是一个高光的领域，但也从来不缺少波澜。

2005 年，国际上存储产业已经风云变幻，特别是 SUN 公司收购了世界上做出第一块固态硬盘的 STK 公司，未来存储产业向闪存方向发展的路径已经埋下草蛇灰线。但令 SUN 公司想不到的是，2007 年自己也会被更激进的甲骨文公司收入囊中。

回到国内市场来看，2012 年是曙光存储真正走上前台的一年。在 2012 年的中国存储峰会上，这家公司带着自主创新的存储技术和七大解决方案亮相了，同时发布了自己的存储品牌。

品牌和市场双双出手，曙光存储为什么在这一年嗅到了全线出击的机会？这还要从曙光存储及其所在行业环境两方面去找原因。

就曙光存储内部而言，2009 年仓促上阵的 ParaStor 1.0 还有许多"坑"要填补，而纠删码和分布式锁这两大功能的补齐，让 ParaStor 底气顿足。

"在 ParaStor 1.0 版本里，没有加入纠删码这个技术是我的心结之一"，苗艳超说："纠删码作为分布式存储技术标志性的高端技术特性，如果不去研究出来，那么我们就和中高端市场无缘。"

前文说过，分布式存储的基础单元是一台台的 x86 服务器，甚至有的时候就是配置高一点的个人计算机，就单一设备的可靠性和提供的安全冗余而言，它们是完全没有办法和集中式存储相比的。

这就好比容纳上百人的中型客机与容纳几百人的大型客

机，在安全冗余度上都需要设计得非常宽松。除了关键系统一般是"一主二备三应急"之外，还有 ETOPS 指标。该指标指的是飞机在只剩一台发动机工作时还能正常飞行的时间。对于大型、先进的客机，比如空客 A350，其 ETOPS 余量甚至可以达到惊人的 420 分钟，也就是 7 小时，足以覆盖大多数航程；而早期大中型客机或者小型、简单的飞机可能只有几十分钟。

大型存储设备就好比大型客机，所有的安全冗余都做到十足。但因为这些冗余在很多情况下可能用不到，这就使得高端集中存储设备的性价比很低。纵使如此，不能忽视的是，低性价比带来的是安全感十足。

如果你没有充裕的资金，当你打算买 100 架只能坐 6 人的直升机和一架能坐 300 人的大型客机来竞争一条航线，而又担心安全性不足的时候，你可以安排极为周密的巡检机制，或是及时地用状态完好的飞机来替换有可能发生故障的飞机，以提高总体的安全性。因为，每架直升机价格相比于大型客机低廉，所以不管怎么比较，你花在安全策略（类比为软件）和购买备用直升机上的支出，仍比买一架大型客机更有性价比。更为关键的是，你的扩展性很好，因为你随时可以补充 50 架新的直升机，但你不可能添置 0.25 架大型客机。

换一个例子。现代主战坦克正面装甲的厚度一般都高达 1000mm 以上，这种夸张的厚度带给坦克的是巨大的重量，但也只有这种厚度才可以应付极端情况，比如抵御敌方坦克主炮在1000米内的直接炮火攻击。但是，随着无人机、巡飞弹、长距离反坦克导弹等技术的发展，两辆主战坦克在1000米之内直接进行炮战的概率越来越低，所以不少国家开始发展轻型坦克和装甲车，好处是在保持火力的同时用更多的装甲车增加火力密度，坏处是在真正遇到极端情况时，比如面对面近距离强炮火攻击时，装甲车绝对无法和主战坦克正面抗衡。

所以，没有一种存储系统是完美的，你总是要根据自己的场景、需求和预算来达到一个平衡；而在性能和预算之间达到平衡的机制，就是通过软件系统来实现的。

比如，在 ParaStor 1.0 版本里，为了数据的安全，只能靠复制来实现这种平衡机制。实现每一份文件都有一个副本，甚至可以做到两个副本，这极大地增加了数据的安全性，但也使得存储的利用率仅为 1/3，也就是每 TB 数据都需要占用 3TB 的存储空间。因此，在保证可靠性的前提下提高存储利用率，是分布式存储永恒的话题。

在这种情况下，纠删码技术应运而生，它可以提高 50% 以上的存储利用率，并且可以保证数据的可靠性。

不要小看这个技术，曾有一位存储行业的资深人士这样评价道："在有了副本和 RAID 之后，几十年里存储系统的冗余技术几乎没有进展，直到纠删码出现，它是存储系统冗余技术的第三个高峰。"

纠删码（Erasure Code）本身是一种编码容错技术，最早应用于通信行业，用于解决部分数据在传输中数据位丢失的问题。它的基本原理是，把传输的信号分段，加入一定的校验机制后，再让各段间发生一定的联系。这样，即使在传输过程中丢失掉部分信号，接收端仍然能通过算法把完整的信息计算出来。

这种技术方案自诞生后，被应用到了很多领域。其中，音视频传输领域和存储领域是两大典型应用场景，存储领域中又以云存储领域应用最为广泛。应用纠删码主打性价比优势。

如果你在网络上搜索纠删码获取方法，可能会看到这样一组文字：

> ★★ 纠删码参数获取方法和装置 ★★
>
> ★★ 本发明提供了一种纠删码参数获取方法，包括以下步骤：统计每个数据块的引用度 r；基于引用度 r 计算每个数据块的冗余度 k；基于冗余度 k、数据片段的可靠性概率 p、以及存储节点的数量 N 计算纠删码的参数 m、n。★★

曙光存储申请了这个专利（技术的实现早于专利的申请），这意味着纠删码这种技术被应用于 ParaStor 文件系统之中。曙光存储的选择成为这一体系技术在应用过程中的重要事件。

分布式锁更是近年来分布式存储技术的重要特征。它的基本原理是，由于分布式文件系统不可避免带来的冲突，各种各样的问题会产生。比如，在错误或者冲突的指令下，小则出现资源浪费的问题，大则出现服务错误的问题；再比如，一条确认短信导致发出多个确认码，或者多个节点的机器对一个订单同时进行操作从而导致用户没有支付成功，等等。在这些情况下，有必要把一些资源、进程甚至代码"锁"起来，只有这样，才能更好地实现数据一致性、高并发、高性能等目标。

换句话说，分布式锁本质上还是要实现一个简单的目标：占一个"坑"。当别的节点机器也要来占"坑"时，发现"坑"已经被人占了，就只好放弃或者稍后再试。

从技术的角度上看，随着纠删码和分布式锁两大功能的实现，以及早期 ParaStor 中那些比较幼稚、原始的代码被优化或重写，ParaStor 这一系统开始逐渐完善。自 2009 年以后，在系统完善的过程中，苗艳超和他的团队并不是在闭门造车，而是频繁出击，争取拿下属于自己的市场空间。

在 2012 年这个时间节点上，云计算和大数据已经不再是前沿话题，反而已经是"大戏连台"，而此时作为焦点的是数据，数据的价值得到空前体现。信息世界的焦点集中在谁能够利用云计算解决海量数据的处理难题，谁就有可能成为数据时代的领军者。

当时，各类企业围绕"数据"这个要素，把战火烧到了存储战场上。存储不等于数据，但数据必须依赖存储，问题是针对数据的存储和处理，不同"血统"的企业有成百上千

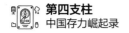
条解决路径。

在这成百上千条路径中，有一个共识：分布式存储崛起了。很多人认为"分布式计算＋分布式存储"是未来数据时代的主旋律。

其实，直到今天，就分布式存储是已经否崛起这个话题，谁也不能得出定论。因为经过若干年的发展，站在 2024 年来看，分布式存储固然瓜分了大量的市场份额，但集中式存储依然站在性能制高点，而没有像想象中那样陨落。

但就分布式计算、分布式存储、大数据等概念来说，2010 年之后，存储，特别是分布式存储是真的火了，而且比 2003 年谷歌 GFS 带来的浪潮更为汹涌。毕竟，当年像谷歌那样需要每天索引几百亿个网页的公司，全球也没有几家，但到了 2012 年，可以说只要是互联网公司，就是大数据公司。

在这种热度下，无数企业躬身入局。

就传统巨头而言，IBM 这样的行业巨擘不甘落后，其最早投入使用于多媒体处理行业的分布式文件系统 GPFS 被重新重视起来，并且有了一个更好听的名字：Spectrum Scale。当然对于 GPFS 来说，这不仅仅是名字的变更，也代表在技术上增加了关于闪存、容灾、备份、云平台接入等诸多特性，从而使自己扮演的角色更加重要。在中国较早期的云计算市场里，GPFS 占有很重要的地位。

EMC 一贯以热衷于收购创新公司著称，2010 年，它以 22.5 亿美元的价格收购了 NAS 存储厂商 Isilon，名声大噪。

就整个市场而论，创新型存储企业成为投资的最热标的，Equlogiac、leskhand 等国际企业，都是在分布式存储市场崭露头角，还没有大展身姿就被收购。

就行业老牌厂商而言，惠普、戴尔这类传统的技术设施供应商，或自研或收购或代工，构建了从服务器、存储到网络、安全等齐全的产品线，依靠原有渠道、资源、品牌等优势抢占大数据市场。

而在细分巨头领域，EMC、NetApp 在内的 IT 厂商继续专注于存储领域，通过扩展创新方案来巩固其在云存储市场上的优势。

看到这样的景象，只能说，中科曙光抓住了窗口期——2004 年出发，2009 年推出第一个分布式文件系统版本，在 2012 年正好进入第一个业务成熟期。不甘落后的华为也在 2012 年快速投入分布式文件系统的研发。到了 2014 年，经过两年多时间的努力，华为正式推出了采用全对称分布式架构的分布式文件系统 OceanStor 9000，成为业内为数不多能够采用全对称分布式架构的存储公司。而且，OceanStor 9000 在性能、扩展能力、稳定低时延、自动分层能力，都有可圈可点之处。

"当时有一个提法，说曙光存储将来要成为公司的第二大业务部门，但这只是内部的设想"，惠润海说："可以感受到的是，公司看好存储市场的巨大发展潜力。在 2012 年这个时点上，公司已经在存储领域投入巨大的研发资源，力争占领相关存储技术的高地。整体研发费用的 1/3，以及多达 50% 的技术研发人员被投入到存储产品的开发中。"

于 2012 年公布的所谓"七大解决方案"，充分依托了曙光存储母体在高性能计算、服务器、网络、软件和服务在内的产品体系的优势，加之由于素来有做底层研发的传统，所以各条产品线之间并不仅有简单的功能差异化。各条产品线的优势是底层之间很容易打通，进而形成生态型产品家族；从另一个角度来说，这种底层能力，意味着既可以为用户提供端到端的存储解决方案，也可以进行代码级的端到端优化。

可以作为例证的是，当时的 ParaStor 打出了"分布式并行文件系统"的旗帜，这主要得益于 ParaStor 以超级计算业务起家，起点比国内部分企业高。因此，不仅其存储容量远远超过了业界通行的最大容量，先进的并行存储架构也使其具有超强的横向扩展能力。

另外，在产品特色上，ParaStor 并行文件系统的独特设计为用户数据创造了一个集中化的共享虚拟存储池，提供了全局单一的命名空间。

顺便一提，这些也都为曙光存储在未来提出"通存"概念埋下了伏笔。

此外，ParaStor 系列产品还有专门开发的并行存储统一监控管理平台，直观易懂的图形界面方便用户管理和监控系统的软硬件资源。

但让人感到震撼的是，曙光存储不光做到存储产品线升级，还提供了一系列大数据解决方案，其中包括公有云存储系统 ParaStor、私有云存储系统 DCStor 和专注于备份容灾的 DBstor 云存储系统等。可见其对大数据早有部署，这种与市场同步的敏感度是不多见的。

在存储架构上，公有云存储系统 ParaStor、私有云存储系统 DCStor 和 DBstor 云存储系统这套体系能够将 SAN 和 NAS 系统的优点有效融合，且对云计算环境进行了性能优化，所以一经问世就受到了行业的普遍关注。

此外，曙光存储的私有云存储系统 DCStor 是为了满足国内用户对私有云的偏好。这套系统的目标客群，与其在大型机构市场上的客户高度重合，甚至可以说这套系统是为了满足这类用户的混合云部署需求而设计的，内置存储虚拟化和自动精简配置等技术，可以为多平台的复杂云计算中心提供企业级数据保护，帮助云计算中心应对数据备份的挑战。

这些产品和方案更令业界震惊的是，惠润海宣布了曙光存储的目标——三年之内，占到国内存储市场 10% 的份额。

从当时来看，这句话实在有些耸人听闻。中国的存储市场大但是分散，加上本土存储企业的竞争力不足，呈现"万国牌"的特点，市场集中度很低。此前，还从未有一个中国存储厂商能拿下 10% 的市场份额，所以这句话换个角度来听，就是曙光存储要做中国存储产业的领军企业，而这，真的能在三年内实现吗？

告捷与困惑

曙光存储第一次交付的比较成熟、高端的存储系统，应用于上海超级计算中心项目。

但让人又颇感苦涩的是，2008 年以前曙光存储最先进的曙光 5000A 超级计算机，正是这套存储系统的用户。曾经，曙光存储的员工受邀参加上海超级计算中心的评审会。然而，作为评审委员会的一员，曙光存储的员工却没有办法把存储产品的一票投给自己，因为那时的曙光存储根本拿不出自研的高端存储子系统，上海超级计算机评估后最终采用了 EMC 的方案。

准确地说，上海超级计算中心的这部超级计算机的存储系统由 4 大部分组成，分别是：7 台 EMC CLARiiON CX4

960、7 套 EMC NSG 网关（每套 2 台）、50 台文件系统共享专用节点，以及 32 台 VoltAIre SR4G。

其中，CLARiiON CX4 960 是存储系统最底层的 SAN 磁盘阵列，使用传输速率 4Gb/s 的光纤作为传输链路，7 台 CLARiiON CX4 960 的存储裸容量达到 500TB；EMC NSG 作为 NAS 网关向主机提供 NFS 及 MPFS Metadata 服务；文件系统共享专用节点为主机提供 Lustre 并行文件系统以及 NFS 数据共享服务；VoltAIre SR4G 是存储路由器，其作用是将主机专用的 InfiniBand 网络 (以下简称 IB 网络) 转换成存储专用的 FC 网络，以实现主机对存储系统的访问。

虽然 EMC NSG 的整体能力给人以深刻印象，也完全发挥了超级计算的能力，但细心的业内人士仍然从中找到了一些国内企业自研发展的线索、路径和灵感。

"第一个发现是，Lustre 要换代了。虽然 Lustre 在 EMC NSG 的架构上'跑'得很好。但这个系统不太适合较大的集群，上海超级计算中心当时用了 6000 多块 CPU，形成了庞大的集群，这是一般的存储器厂商很少遇到的。EMC NSG 在支持大集群的过程中，暴露出很多自身在底层架构上的问题。"一位当时参与项目的工程师说。

"第二个发现，是存储系统的瓶颈期终于还是来了，早期我们用简单的阵列即可满足目标，但从曙光 4000 高性能计算机这一代出现后，我们明显发现其存储系统成为瓶颈，曙光 5000A 超级计算机就自不待言了。"这位资深业内人士说，"这是行业发展到某个点必然产生的瓶颈。除了 Lustre 支持大集群带来的很多底层架构上的挑战，另一个外部因素是，随着 CPU 从 32 位变成 64 位，老系统的压力更大了，所以必须寻找新的解决路径，而这条新路径，一般都需在重大技术领域上实现突破，最好能自研。"

这两个发现，某种程度上都是在研发或适配先进计算，特别是大规模并行计算的存储子系统中发现的。存储研发虽然有共性的一面，但也会因为企业的不同背景而催生不同的发展路径。所以像曙光存储这样有先进计算背景的企业，会继续发挥存储中并行计算的独特血脉优势，发展出不同于业界其他同类产品的特性，这也为此后中国分布式存储市场增加了许多的差异化色彩。

第五章
三国时代

Chapter 05

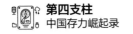
云计算带来的第一波存储红利

在前文中，我们用了不小的篇幅谈及大数据和云计算行业在 2010—2012 年的井喷趋向，同时必须讨论这样一个事实——那就是中国移动互联网大发展带来的存储需求的爆发，其实并没有让华为、中科曙光这样的老牌存储厂商吃到太多的红利。其中，主要的存储需求增长红利，被这些巨头企业自己消化了，因为其规模相当庞大，所以作为存储史的一部分，我们也必须提及。

例如，我们俗称的"去 IOE 化"中的"IOE"指的是——

I——IBM，服务器供应商，它们提供的服务器俗称"小型机"，大型机时代已经过去。

O——Oracle，数据库供应商。

E——EMC，存储厂商，它们提供的是"集中式存储"。

举一个典型的互联网公司的例子——2008 年，在阿里巴巴的 IT 架构中，淘宝和支付宝使用的绝大部分都是 IBM 小型机、Oracle 商业数据库及 EMC 集中式存储。

其中，IBM 的小型机是最早被汰换的，因为国产的高性能服务器发展得一直较好，所以这一块被轻松拿下。接下来较难的是数据库的替代，但随着一系列国产数据库系统软件的诞生，这个问题也在逐渐被解决。而对于真正最受制于存力的存储体系，企业则大多选择了自建分布式存储集群。

在目前的中国产业互联网领域，除了中科曙光、华为等强大的信息与通信技术企业，有自建大型基础存储设施能力的，很多都是做 ToC 业务出身的互联网企业，如腾讯、阿里巴巴、百度等。

这个现象，其实也不是中国独有的。比如在美国现在排名靠前的产业互联网技术企业中，实力强的亚马逊、谷歌，也都是靠 ToC 业务起家的，它们都有独家的分布式存储技术。

为什么会出现这个现象？主要有三个原因。

1. 有钱。这些超级互联网平台有足够的资金投入产业互联网技术的研发。

2. 有场景、有痛点。这些企业最不缺的就是应用各种先进产业互联网技术的场景，但也有规模巨大带来的成本痛点，它们构成了很重要的驱动成功的要素。

3. 规模带来的性能诉求。前述的小型机、企业级数据库系统软件、集中式存储等，在设计之初基本上都没有考虑要应对 10 亿量级的网民这个问题，它们的优化方向是以高可靠性为主要诉求的，而不是以高并发为主要诉求的。

所以，如果中国这个网民量级在全球独一档的国家的主流互联网平台，还用IOE来满足高并发需求，那么不是做不到，而是成本会高到吃掉所有的利润。

所以，说白了，还是被降本增效逼出来的。

简单来说，互联网企业的需求就是，对绝对的稳定性（如金融实时交易场景这个级别的稳定性）要求没有那么高，但对应对高并发、高带宽、海量存储场景的能力要求很高，这是由其业务特性决定的。

不过，这些系统的早期版本经常宕机，主要原因就是这些企业的自研技术还不成熟。对高性能吞吐、分布式水平扩展、分布式"键值对"式存储等也没有技术积累，所以经常出现宕机、交易失败等问题。

这也代表了这一大类从ToC业务起家的中国互联网企业的典型状态——早期技术实力不够雄厚、代码质量不高、牛人有限，但场景丰富、用户数量惊人，因此对系统的弹性和成本十分在意。

这就决定了，阿里巴巴、百度、腾讯这样的企业，必然要奔向分布式存储，因为分布式存储系统的特点是小错时常有，但韧性好、成本低，而且弥补错误的成本也很低、社会影响也比较小——比如转出一笔Q币但用户没有收到，赔给用户的也不过是几十块钱，且没有人会认为这是什么大事。

在这种情况下，互联网企业可以用便宜的 x86 服务器，放心地使用分布式存储系统。

而到了 2010 年，也就是我们所谓的移动互联网风口期到来后，随着业务数据的井喷，这些企业继续采取自购存储服务器 + 自己搭建分布式文件系统的方式来解决问题。

"这些企业中的大部分，都没有把自己的分布式存储产品拿出来卖，但也不买市场上成熟的存储产品。"一位大厂的存储负责人说，"这些企业的存储系统，基本上是针对自家企业的业务特点优化的，而不是针对普适性问题优化的，所以它们在解决专用问题上能力较强，在满足自身需求上已经做得较好，但在解决通用问题上能力较弱。"

不过，分布式存储也不是这些互联网企业，特别是 ToC 互联网企业的业务增长焦点，所以自己买、自己用就可以。但这也带来了一个问题，就是传统存储企业很难把存储产品卖给它们，因为它们觉得性价比不够高。

当然，也有一些巨头企业在搞定自身问题后，推出了相应的存储产品，例如，阿里云的对象存储服务（Object Storage Service，OSS）就是一种面向互联网的分布式存储服务，它非常适合用来存储大量不同大小、不同格式的非结构化数据，如视频、图像、日志、文本文件等，单个数据的大小从 1B 到 48.8TB，可以存储的文件个数无限，从而为互联网应用提供了海量的存储空间。

2011 年，大数据行业开始起步，全球数据规模达到了
1.8ZB，但是，由于其中存储增量最大的互联网行业吃掉了自
己创造的红利，因此就造成了一个现象——中科曙光、华为
这样的高性能存储厂商，不得不在互联网行业之外另寻场景。

未成气候

站在今天这个立场回望，我们不得不认为，如果以 10 年、
20 年为单位，中国企业级存储产业发展得并不均衡，或者说
不太理想，特别是在 2015 年以前。

排除前面说的"自产自销"的互联网企业，先说第一类，
即国内面对企业级市场且有自研技术的存储企业。

在这个领域里面，华为和中科曙光可以说是相互 PK 的
两家，都是独一档的存在。

华为的存储业务，是华为商业网络部当年培育的新业务。
据说，这个部门培育了 30 多个新业务，但存储是活下来的三
个业务之一。

两者的研发从启动到今天都是 20 年左右，只不过在研发

路径上，华为是先集中式而后分布式，中科曙光是先分布式而后集中式。现在它们是中国仅有的两家有自主全栈的分布式文件系统的企业，因此在市场份额上你追我赶，尤其是在NAS 市场。

再说第二类，在前述两家之外，大部分中国企业走的也是分布式存储路线，因为集中式存储门槛太高。而在分布式存储这条路上，又分为以代理海外产品为主和以使用开源软件系统为主。

开源流派的企业认为，采用开源路线，意味着可以加快产品研发成功的速度，这对于初涉存储领域的企业而言，不失为一条捷径。尽管开源普遍存在代码与功能相对简单、效率较低、Bug 较多等情况，但因为市场需求本来就存在高中低档，所以开源流派也并不是没有生存空间，其中又以使用Ceph 系统开源代码的为主流。

在数据存储的不断演变中，Ceph 以其独特的设计和强大的功能，逐步成为全球开源存储解决方案的标杆，也成为中国开源企业的主流选择。

Ceph 最开始的版本，据说只有 40 000 行代码。然而，根据第三方数据，如今的 Ceph 已经成为 82% 的开放式基础设施用户的优选，涵盖从企业到云基础设施的广泛应用。

Ceph 的优势是，以其分布式对象存储设计和高度的可扩展性，成功地迎合了市场的需求。与传统文件系统相比，Ceph 的核心架构基于自主分布式对象存储（RADOS），提供了更高的可靠性与灵活性。特别是通过多个节点共同协作，实现了数据的动态分发与管理。这种解耦数据与元数据的设计，使系统的扩展性大幅提升。

Ceph 在中国也形成了广泛的社区，对于一个文件存储系统来说，这样的社区规模是罕见的。

但 Ceph 的问题在于，虽然其在架构上很先进，但延续了开源系统的一些问题，比如 Bug 多，用户对底层架构的熟悉度不够，存储厂商缺乏深度的、代码级的优化能力等。所以总体来说，Ceph 作为一种生态规模很大也有不少行业应用的典范案例，在极致性能和代码级优化上仍有不足。它可以是中国存储产业起步的台阶，但很难成为中国存储产业发展的靠山。

"Ceph 和 ParaStor 如果一起争夺性能要求不高的招标，可以说胜负参半，而如果争夺极致性能的招标，Ceph 大概率会退出。"曙光存储运营总监石静说。

不得不提及的是，由于在 IT 领域的先发优势，台资的存储企业也在市场上有一定的存在感，而且还是在技术门槛相对较高的集中式存储领域。

例如，中国台湾 Accusys（世仰）公司成立于 1995 年，以 PCIe 磁盘阵列列存储设备与交换机产品为切入点，一度为许多大陆企业（包括中科曙光）提供了代工的存储产品，这家企业还在 2015 年时将触角延伸至 Thunderbolt 传输接口，发布了全球第一台 Thunderbolt 共享式存储设备，这些设备主要用于视频剪辑类的高性能服务器，是中小型的电影、电视制作团队的首选。

Infortrend（普安科技）成立于 1992 年，是目前全球第三大专业的磁盘阵列列存储系统研发与制造商，这一企业和大陆的 IT 产业已合作相当之久，中科曙光早期即多次引入其磁盘阵列列存储产品。

由上面的场景描述，我们不难看出 2012 年前后的存储市场的格局。

首先，和全球发展趋势一致的，是分布式存储成为主要增量市场。虽然围绕着分布式存储是否能够替代集中式存储，有替代说和渐进说两条路径。但可以认为，分布式存储已经开始蚕食集中式存储中入门级的市场份额；而且，在集中式存储较为乏力的大数据市场，分布式存储已有明显的优势，这将在今后的若干年陆续被证明。

其次，市场竞争的结果也证明，选择全栈自研路线，是辛苦且商业化困难的一条路，但这条路也是唯一的突围之路。

从华为、中科曙光遥遥领先的市场份额不难看出，基于闭源和底层代码级优化的分布式系统在性能和可靠性上都超过一些"知其然但不知其所以然"的使用开源分布式存储系统的企业。

如果说浪潮、H3C、联想这种体量的存储企业还能依靠自身的一些技术底蕴,加上其引进或代工的产品的技术加持,在部分市场与采取自研系统的企业争夺一番,那么在这一波分布式存储浪潮涌起时,匆忙入局的成百上千家创业型存储企业,虽然不能说其创新没有一孔之明,但总体缺乏强大的差异化竞争优势,随着潮起潮落,其中的大部分已逐渐被淘汰。

再次,国际大牌 IBM、DELL EMC、HPE 等,虽然在部分大型客户中还有相当的存量,但这碗饭越来越难吃。对中国的企业来说,虽然部分核心系统还需要延续使用国外的集中式存储,但随着信创等概念的提出,这种选择会变得越来越少,市场也会越来越小。

最后,中国台湾地区部分企业的创新路线值得大陆业界参考,虽然这些企业的规模有限,而且多半在集中式存储的某个细分赛道里努力,很难成为全局性的霸主。但它们在细分市场里追求自研、敢于在国际市场中争夺份额的精神,却相当值得学习。

总而言之,2012 年的中国存储领域,既有乘大数据时代到来迎风而起的新气象,也有自研力量有限、基础性创新缺乏、高端产品匮乏等问题,很多颇有分量的参与者,也没有利用好时机把规模优势转为技术优势——所以就整个行业的水平来讲，2012 年的中国存储市场与全球领先水平差距较大，可以说是未成气候。

但是，此前在没有国产存储系统的日子里，对于部分国际品牌的痼疾，例如缺乏服务体系、研发支持严重不足、服务需求反馈慢、价格高等问题，中国企业客户都只能捏着鼻子忍了，因为别无选择。现在，大量中国本土供应商崛起，技术也慢慢追上来，甚至在某些领域还实现了差异化。

而对于国际巨头来说，在当年客户没有第二选择的中国市场上赚取超额溢价的时代已经渐行渐远；反之，本土企业在服务能力、服务响应速度上的提升，以及在性价比上的优势，都让外资存储巨头感到寒意顿生，但它们可能没有料到，真正的冬天还远远没有到来。

时代一直在进步，虽然并非总是那么风驰电掣。

第六章
反馈式创新，中国存储继续长征

Chapter 06

在解决方案中心的日子

在前面的章节里，我们一直在行业、赛道和市场这些层面上探索中国存储产业的发展，而在这个比较特殊的章节里，我们将要选择一个有代表性的存储企业——曙光存储，进行一番解析式的研究。

在某种程度上，这既因为曙光存储开放地提供了很多素材，又因为它有底层自研能力，且在这条路上踩过无数的坑，走了很远的路——所以，它可能是中国存储企业"本土派"的一个典型代表。虽然它不是市场老大，但通过观察它，既可以照见中国存储企业的许多共性，又可以体现很多企业身上不具有的"稀缺性"。

先从一个加盟曙光存储多年的员工说起。

眉清目秀、身材娇小的张新凤，却实打实地是一个北方姑娘。年龄不大的她，已经是曙光存储的副总裁。

"（曙光）吸引我的最大原因是，这里是踏踏实实地做自研技术的地方，而我是学计算机出身的，多少有些技术梦想。"张新凤说，"那时候部门的人还比较少，有什么活，都是大家一起干。所以没准儿你身边的一个普通人，就是某个项目的研发负责人或者技术大拿。随便一块主板和内存，你拉住一个人，他都能给你说得清清楚楚。当时我其实还在

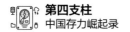
硕士毕业的实习期，而这次实习决定了我的终身职业选择。"

"我前所未有地希望加入一家持续做底层技术的研发型企业。"张新凤说，"但对于 2006 年的毕业生来说，最好的选择是外企，其次是电信运营商。来国内企业，还是搞技术应用，这样的人不多。"

进入这个岗位的张新凤，夜以继日地熟悉那些高深的技术。她没有想到，若干年后的自己，会成为一名存储技术领域的管理人员。

在加入曙光解决方案中心的第 6 年，惠润海找张新凤聊了一次，希望她加入存储方案部。

而存储方案部的设立，是这家在技术上非常执着骄傲但在市场化运作上比较简单的企业，从单纯的研发导向，迈向研发＋市场双轮驱动导向的很重要的一步。

最早期的超级计算客户，大多技术能力很强，在存储产品的选择上，他们不但清楚自身需求，而且能做出精准的技术判断；但随着中科曙光服务器产品的市场份额快速上升，越来越多的非工程师出身的客户开始出现，他们对存储性能有需求，但却不知道如何选择才能最好地满足自身的需求，于是，存储方案部就此诞生。

"打一个比方，如果我们的产品技术人员是大厨，那么我们则有点儿像大堂经理。"张新凤说，"我们会第一时间接触到客户的需求，比如有多少钱、请什么人吃饭、有什么忌口、希望宴席是什么风格的等。而我们会根据自己的经验先过滤一遍需求，如果是成熟的，以及有案例的，就可以直接将其推荐给客户。如果是没有明确答案的，就要跟后厨沟通，甚至还要从外部采购一些特殊的但客户必用的技术和解决方案。"

而在这个岗位上待久了，对客户和友商的熟悉度也在增加，"有时候听到一个数据库产品或设备名称，就知道客户上一次去了哪个公司询问方案，据此可以针对性地突出自己的优势，这种感觉很酷。"

从更宏观的角度来说，这个存储方案部的设立，是客户服务能力提升的开始，也是为了收集客户的反馈。

中科曙光自成立以来，就有"用市场和技术两条腿走路"的提法，但在实践中，往往还是技术这条腿很长，市场那条腿比较短。

现在，存储方案部的设立，除了可以引导用户去做正确的选择来满足自身需求，还可以第一时间收到客户的各种反馈，而每一个反馈都可能带来创新的灵感——从当下看是在为客户服务，从长远看是在为自己服务，因为高价值的客户反馈，是规划自己的产品体系的最好助力。

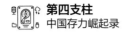
差异化竞争力的来源

2013 年，ParaStor 2.0 发布，它增强了数据保护机制，从而使这一版的文件系统具备了可为用户构建数据全生命周期管理的一体化方案的能力。得益于此，在这一年，曙光存储拿下了重大的标杆项目——为"央视国际"（中央电视台官方网站）打造 6PB 存储资源池。

同年，曙光存储还在全国多地中标气象局、环保局的项目。而如前所述，这种机构的数据价值高、安全性要求高、性能要求高，原本被默认为是集中式存储或国际大牌存储厂商的分布式存储的潜在客户。

而中国本土存储企业的崛起，为它们提供了不仅在技术上领先，而且兼顾成本优势、自主安全的选择。

国内存储业高光时刻的 2015 年终于到来了，据 IDC 报告显示，ParaStor 在国内 NAS 市场排名位居第一，营收同比增长 42.6%，占全部 NAS 市场份额的 21.6%。

也就是说，三年前惠润海立下的"占据 10% 市场份额"战书的目标双倍达成了。

直到今天，ParaStor 还一直保持在国内分布式 NAS 存储市场份额的前两位。

在和多位员工的交流中，我感受到了曙光存储的个性和他们的坚持。客观地说，在中国存储产业的阵营里，这样的企业的确不太多，但也不是绝无仅有的——它们坚持自研、硬扛亏损、立足从底层技术能力上实现差异化。这种比较硬、比较偏的企业性格，最终还是结出了不一样的果实——在业务能力上有了具备自身特色的、重要的差异化竞争力。

差异化竞争力的第一个来源，就是对于底层技术的追求。

这些年，自主研发的呼声一直很高，但也造成了一些行业的浮躁，造成了一些"套壳""借鉴"的风气。

苹果手机和安卓手机的系统之争就是一个例子。人们往往会发现，虽然苹果手机的运行内存好多年都停留在 6GB、8GB 上，而有的安卓手机的运行内存已经提升到了 24GB，但苹果手机用起来却相对更加稳定、流畅，后台保活率也更高。

而苹果手机之所以能做到这一点，是因为其实现了自研芯片、操作系统、应用框架、应用生态的全闭环，从而使得真正意义上的端到端优化成为现实；而安卓手机虽然版本迭代快、分支多，但很多厂商缺乏对手机底层机制的掌控，往往只能在 UI 层面进行优化，从而在系统的运行效率上始终停滞不前。

可以说，华为、中科曙光这样的存储企业，就是中国存储领域的"苹果"。何振就说过，正是因为分布式存储的软件体系做到了完全自主研发，而非根据开源软件或代码进行二次开发，才使得曙光存储始终具备代码级的定制开发与调优能力。而这些能力不仅可以让企业根据用户的实际需求进行定制化开发，还从底层决定了一家企业能否持续开发出领先业界的自研存储产品。

差异化竞争力的第二个来源，就是自研存储开发的企业，始终能从更高的层次上考虑问题。

我曾说中国分布式存储的发展是踩对了时间点，但光赌对时间，其实并没有实际意义，你还必须超越时间。

例如，2013 年发布的 ParaStor 2.0 的另一个特性，就是对云和大数据的良好支持，这使其在云计算兴起的时代，驶入了快车道，而当时行业里对云计算的未来看不清楚的人还有很多。

但曙光存储很早就对云计算的特性进行了分析，并特别关注块存储的发展。

事实证明，这一次的路径选择是正确的。2023 年上半年，IDC 发布的软件定义存储市场的报告指出，块存储的市场份额占整个市场的 31.3%，同比增长 19.7%，产品在公共服务、政企、通信等行业都得到了广泛应用，而曙光存储再次跑在了这一赛道的前面。

云存储有多种存储方式，但块存储有一些突出的特性，例如特别适应云服务器的存储，可以用来存储云服务器的系统盘和数据盘，提供高性能的存储服务；同时，块存储在数据库存储、大规模数据分析的低延迟读写上，也有明显的优势。

曙光存储存储运营总监石静对我说："我们很重视块存储，但也不止于块存储。我们率先提出了融合存储的概念。简单来说，就是 ParaStor 对主流的文件、对象和块协议，都要做到良好的支持，从而让一套存储在应对用户不同的业务需求时，实现彻底的融合。"

在这种理念的推动下，2019 年，曙光存储正式推出自主研发的分布式块存储系统，这款产品已经可以高效对接主流的云平台，满足云化转型的结构化数据的存储需求。

VVIP 和蓄须明志

如果说 2015 是 ParaStor 版本迭代上的一个分水岭，那么它绝对也是一个新的导入期的开端。

早期，中科曙光依靠自家的高性能计算、高性能服务器业务来拉动存储的销售，拼的是整合打击能力；后来来到单体存储领域,它就做不到这一点了。因为存储市场里列强聚集,而中国企业级存储产业才刚刚开始探索。

从自研技术的谙熟到市场推广的稚嫩,其间的提升并不是跨越式的,而是渐进式的,每一步都充满了挑战。

为了打开市场,销售人员和后台人员一起努力,付出了大量的劳动。

在一个 CANU 三代基因组装测试项目中,用户要求 ParaStor 的性能必须超越某厂商宣称的"代表业界最高性能"的同类产品,才考虑把其业务迁移过来。

面对新挑战,研发人员在短短两周时间里,将整个业务流程各阶段的数据 I/O 特点梳理得非常透彻,并从底层代码层面进行了逐一调优,最终用户计算用时从 9.2 小时降低到 7.3 小时,实测性能超过友商 20% 以上。

"底层调优是我们的特长,也是我们能够领先于其他厂商的根本保证。我们和开发前端应用的工程师不太一样,就好比建一座楼,我们要做的是从物理学、力学、建筑学上搞清楚怎么设计楼的架构,包括良好的空间利用率、坚固而又有韧性的楼体框架、科学合理的水电气设计等。"何振说,"只有这些做好了,前端的应用开发者才能在这个基础上,去装修、美化空间,用各种方式去卖、去出租这些空间。而我们要做的就是科学设计和打好基础,这也决定了我们对底层核心技术的热爱和追求。"

但不是所有项目都能通过技术上的"短促突击"而取得良好效果。

电信运营商的采购，在国内存储采购中以公正、专业、严苛而闻名，它是决定中国存储企业的产品是否能够被称为主流的试金石。

对 2018 年的中国移动招标，曙光存储投入了不少的心血，但是由于此前从未参与过此类项目，因此准备不足，在招标入围阶段就被对手淘汰，这让石静和团队其他人郁闷得要吐血。

两年后，他们准备卷土重来——中国移动公布了 2020—2021 年分布式块存储产品集中采购的信息。这是自 2017 年以来，中国移动组织的第二次通用分布式块存储产品集采，吸引了国内多家知名厂商参与投标。

这一次，中国移动计划采购分布式块存储产品共计 2200 套，是历来采购规模最大的一次。其中分布式块存储容量型典型配置 450 套，分布式块存储性能型典型配置 1550 套，分布式块存储纯软件典型配置 200 套。本次集采测试历时两个月，范围涉及功能、可靠性、性能、可扩展性等 12 大类共计 36 项测试，对产品要求十分严苛。

在招标开始的第一天，研发团队的一个小伙子留起了胡子，周围的人都感到奇怪，他却说："我这是蓄须明志，一天不拿下中国移动的大单，我一天不剃须。"

关系好的服务器业务同事也给石静打来电话，问她这次是否有把握，需不需要帮助。

"我很清楚他的意思，服务器业务比存储成熟，所以可以在一定程度上拉存储一把。但是，如果存储和服务器绑定太深，那么万一招标失利，他们将受到连累，甚至丢掉已经拿到的标段。"石静说，"所以他其实是在问存储这回是否有把握，如果有，就会形成 1+1 > 2 的效果，如果失败，就是都输。"面对内部同事的问询，石静给出了肯定的答案。

中国移动的招标十分严格，限制入场的工程师人数，曙光存储这次只有一名工程师入场负责技术支持。"我当时就在手机上给他改了名，叫 VVIP，任何时候我都会优先接这个电话。"石静说。

没有想到的是，在一开始中国移动就提出了两个问题——第一，为什么曙光存储的产品里没有常见的 OSD 标识？第二，为什么元数据盘的容量和别家不同？

石静很耐心地和客户解释："OSD 标识是 Ceph 文件系统里常用的一种标识，而我们用的是自研的 ParaStor，所以就没有那个标识.而所谓的元数据盘容量不同，也是因为我们的 ParaStor 和 Ceph 的技术细节不同，这都不是缺陷，而仅仅是差异。"

基于过硬的产品实力，在此后的挑战中，曙光存储再也没有遇到太大的挑战。石静说："能够在如此严苛的测试中取得出色成绩，主要是因为我们的分布式块存储系统具备两方面的特点。

"一方面，我们的存储软件完全采用自主研发，工程师对于底层的理解通透，无论是遇到问题进行调整，还是按需定制化开发，都十分迅速敏捷。

"另一方面，也同样是因为全栈自研，所以工程师清楚整个系统的边界在哪里，能够'压榨'出存储系统的极致性能。这一点，我们的产品始终处于众多投标产品的前列，并通过了长时间、高强度的稳定性、可靠性测试，为用户所认可。"

终于，曙光存储成功中了第二标段性能型标包，开创了其在电信运营商领域的先河，并为此后持续深耕这个市场打下了基础。

从某种程度上看，在国内超大型头部用户中，电信运营商是对分布式存储接受度较高的用户群体。

早期，中国移动的核心应用是计费系统，要求存储极度稳定、精确，所以集中式存储是唯一的选择。但随着技术的发展，中国移动的业务需求也从企业自身的核心系统建设，逐步延伸到电信网络、数据中心建设上，分布式存储开始逐渐被接受。

而曙光存储及时拿下中国移动大单，使其成为这个曾经是集中式存储包打天下的系统中崛起的新生力量。由于中科曙光 ParaStor 系统的高可用性，此后至今，曙光存储已连续 5 年在中国移动的分布式存储集采项目中中标，并深度参与了中国移动最新布局的新型智算中心体系项目和中国移动存力智能调度平台项目。

由此，曙光存储也从设备供应商升级为中国移动的战略伙伴，双方在技术、生态、应用等多维度展开了深度合作。

在千行百业里生根发芽

在企业级存储这个行业里，存储企业众多，主要分为两种类型——技术导向型和性价比导向型。在前者的竞逐里，有自研系统的企业比较容易胜出，而在性价比上则难以匹敌竞争对手。

技术导向型企业的特点是热衷于研发，投入大、周期长、风险高，但一旦成功，品牌心智的势能将更强，可以带来持续的信任成本下降、复购提升和有条件的客单价增加，而华为、中科曙光等就是坚定地走这条路的代表。

"我承认中科曙光不是国内最善于采用纯市场打法的企业，在这一点上，我们甚至有一点儿保守。"历军说，"但我们追求的是对底层技术的突破，我们会用更长的时间让用户明白，和一个掌握了底层技术的企业合作，不但能更好地发挥同等预算下的能力，而且能在持续的运营、扩容和增长中收获订单金额之外的价值，我们是价值创造者。"

电力行业负责运营关涉国计民生的基础设施，对合作伙伴的选择尤其严苛。

很少有人会了解，电力行业也会产生大量的数据。但事实上，在这个高度数字化的行业里，电力数据与日俱增，对存储提出了很高的要求，特别是随着我国用电规模的激增和电力数据的不断增加，传统数据中心网络及存储能力已无法支撑日益增长的业务需求。

而且，中国的电力行业，运营着世界上最复杂的交直流混联大电网，拥有国内首个区域电力现货交易市场。在如此大体量的各种错综复杂的存储需求背后，是对高性能存储愈发强烈的需求。

仔细研究会发现，电力行业的数据大致分为三类。

第一类是电力企业运营数据，如交易电价、售电量、用电客户等数据，这属于核心业务数据，但总量不太大，需要的是快速响应和稳定服务，对应的仍是集中式存储的传统市场。

第二类是电力企业生产和管理数据，如ERP、一体化平台、协同办公等方面的数据，要保证 7×24 小时稳定运行，存储系统需要具有良好的自愈能力，但总体来说都来自对分布式存储比较友好的场景。

第三类是"智能电网"衍生出的各种新型业务的数据。其产生场景是我国重要领域数字化、智能化转型的典型场景——也就是通过先进的设备传感和测量技术、智能化控制技术叠加全新的顶层技术设计和方法论产生的新场景，它的最终目标是实现电网的智能化运行。

这种存储场景，要容许各种不同发电形式的数据接入，甚至涉及电力产品及资产的优化高效运营，是高复杂性的新型数据应用场景。

因为，它不但对电力单位的信息安全防护能力是巨大的考验，而且对存储设备的供应商也有很高的要求，这种要求是近乎"水桶式"的，也就是不能有明显的短板。例如，要求底层存储系统能够灵活地按需动态扩容、简化管理与运维工作、降低 TCO 等。

"我们有几个优点在这个场景中凸显出来，首先是弹性按需服务能力，这是分布式存储的优点。我们的 ParaStor 可以支持动态在线扩容至 4096 个节点，性能随节点的增加而线性增加；所有节点都能够并发提供 iSCSI 服务，存储系统聚合性能非常高，用户比较看重这一点。"张新凤说，"而在用户极度关心的数据安全问题上，我们提出了多维冗余设计和数据冗余机制，在避免单点故障的同时，及时缩小了故障域。"

而电力用户给出的反馈是，经过长时间的考验，除以上特点外，兼容性较好也是 ParaStor 的优点之一。尤其是随着电力系统的数字化不断深化，为了保证业务的可延续性，也为了保护既往的大量投资，对存储系统的需求进一步延伸到能广泛兼容主流虚拟化平台及云平台上。

"随着时间的检验，中国存储企业提供的数据保护技术及丰富的存储功能，与国际巨头的差距越来越小，也日益能够满足甚至超预期满足电力行业云化转型下的结构化数据存储需求。特别是基于具有自研技术的分布式存储系统建成的各类云数据中心，提升了对前端业务的响应能力，为未来电力大数据价值的进一步发掘注入了动力。"一位电信行业的资深技术专家说。

银行业务也是受到大数据浪潮推动的典型场景，这是一个原本基本押宝集中式存储的领域。而中国存储企业的新秀们，也深知这一领域的标杆作用——要想打开这个一直高度依赖国际高端集中式存储产品的行业的大门，必须拿出自己的新方案。如果这个方案得到认可，那就等于拿下了银行客户，这是一个红利丰厚的赛道。

当然，银行的传统核心交易系统，高度依赖集中式存储，所谓"冰冻三尺非一日之寒"，这是很难在短期内实现替换的。但上帝在关上门的同时又打开了一扇窗——随着移动互联网的发展，大大小小的银行都衍生出了互联网金融服务业务，在一定程度上，这类业务相比于银行的传统场景，更接近于互联网公司的运营特征和技术需求，而这正好能够让分布式存储打开局面。

张新凤说："银行客户不是一天就能拿下的，于是我们就有针对性地上线比较适合互联网金融业务的新功能。比如，我们在对象存储领域的资源池化能力，就是其中一点。因为银行每天产生海量的非结构化数据，比如储户每日上传的海量证件图像、授权书等影像文件等，需要高性价比、高可靠性兼具的解决方案。而我们的新一代对象存储资源池，恰好满足了这种需求。这就让我们在市场壁垒里可以打进一个'楔子'，为以后的横向拓展埋下伏笔。"

大数据带来的便利，建立在对数据要"用得上、用得起"的基础上。因此，为加快数字银行建设，华夏银行北京分行对数据挖掘、运用、经营的能力提出了更高要求。

对于任何存储系统，最容易卡壳的就是对大量小文件的乱序读取，而这又是大数据时代的数据特点之一。

华夏银行北京分行对此有较强的感知。其技术人员发现，目前的国产分布式存储系统，在海量小文件场景下，性能已经相当过硬。

简单来说，无论是通过时间、大小、名称等关键词，还是基于多个条件同时对海量对象数据进行检索，国内企业自研的分布式存储系统，都可以同时支持数十家分支机构高效访问存储系统，而且检索速度比前一代系统提升了 5~10 倍，有效优化了数据挖掘和分析的效率。

气象行业用户是典型的先进计算用户，国内历代的先进计算的大项目、大机器，可以说都与气象系统关系密切。但以往的诉求主要体现在算力层面，也就是满足对气象预测进行的大规模并行计算，这种计算对运算效能要求很高，因为天气预报的发布是有严格时效的。

中科曙光在气象系统的口碑很好。但如果把存储独立出来，曙光存储在气象系统眼里又成了新公司。事实上，曙光存储真正独立后，第一次被气象系统的客户接受，已经是2017 年的事了。

这一年，中科曙光的先进计算团队协助国家气象局建立了新一代"气候变化应对决策支撑系统"。这是一个顶级的科学计算项目，但同时，随着气象系统的技术变革，对超级计算体系中的存力部分，也提出了新的要求。

"我们相当于接下了集中式存储的需求，但要以分布式存储来实现。"张新凤说，"气象业务不能停顿，随时要求存储系统可支持在线动态扩展。而且，气象领域数据运算量极大，是科学计算中少见的对带宽要求极高的领域，这就要求存储系统的稳定性必须很高，能够在系统连续运行时保障运算效率。"

为了满足高性能集群对存储系统的要求，ParaStor 亮出了自己当时的"技术底牌"——40GB Infiniband 高速网络，将计算节点与数据索引控制器、数据存取模块互联，在不增加系统复杂程度的前提下，同时满足多个计算节点的访问需求。

如是，在超级计算的系统峰值运算速度达到每秒 8189.5 万亿次、内存总容量达到 690.43TB 的情况下，曙光存储的解决方案，实现了在线全局存储容量达 23PB，全系统可用度超过 99%，满足了先进计算机系统对存储子系统的高速访问的需求。

更能说明问题的是，经过累计升级，"气候变化应对决策支撑系统"的存储资源累计已达 300PB，可支持数十万次作业，分析处理能力提升了至少 1/3。

为此，气象系统对这套存储设备的技术评价是："不仅满足了短时天气预报和区域天气气候模拟研究等主要需求，还有效地将现有技术与历年来部署的该公司的硬件、软件及服务很好地融合在一起，做到了很好的向前兼容，最大程度上保护了此前的业务投资。"

目前，国内的分布式存储产品已成功部署于上海台风研究所、成都高原气象研究所等中国气象局下属科研院所，得到了用户的高度评价。

石油系统的业务可以说是高性能计算的启动级业务之一，中科曙光在这一赛道有深入的投入和积累，与中国石油人有着深厚的合作基础，也有一起咬牙攻关的情谊，更对石油物探行业应用特征有深刻的理解，能够针对性地对产品进行深度优化和性能调优，应对物探行业数据存储量的爆炸式增长，深受中国石油人的信赖。

从当年成立"东方地球物理公司"（英文名称：BGP，现称东方地球物理勘探有限责任公司）开始，中国的石油物探行业就走上了从自主发展到提供国际服务的路线。不过，在早期，无论是运算所用的大型机、存储设备，还是基础软件，都是舶来品，具有典型的"烟囱式架构"。

而在 21 世纪初，东方地球物理公司投入巨资研发的国内第一款地震数据处理解释一体化大型软件 GeoEast，打破了国外技术在地震数据解释方面的垄断。

而随着系统的升级，曾经在 2004 年被抱怨"不如 IBM

好用"的存储子系统，也换成了自研的分布式统一存储系统ParaStor，为 BGP GeoEast 平台提供 30 个节点的存储集群，支撑地震数据处理和解释过程中的多种数据信息共享。

地震数据处理解释一体化大型软件 GeoEast，是我们此前提到的"给地球做 B 超"理念的产物。但进入 21 世纪后，这一系统今非昔比，可以支持地震数据处理（为油气勘探进行的人工地震）和解释过程中的多种数据信息共享、多学科专家协同工作，能够广泛用于油气勘探的各个阶段。近年来，BGP 的油气重大发现全部离不开自研的 GeoEast 软件，它成为中国石油行业的世界级骄傲。

但是，随着业务量增加，GeoEast 的存储系统亟须扩容。BGP 单个项目的原始数据量将近 1.5PB，处理过程数据量达到 7~8 倍，对存储系统稳定性、可靠性和访问带宽都提出了严苛要求。

更重要的是，GeoEast 源代码超过 3 000 万行，甚至超过了气象系统软件，是国内乃至世界工程软件的巅峰之作。也正由于高复杂性，其对存储和算力都有着比常规软件更高的要求。

中科曙光的 EB 级存储能力在这次系统拓展中大放异彩。基于分布式存储系统支持在线扩展的特点，使其可灵活扩展到 4096 个节点，真正达到 EB 级的存储容量；而我们前面所说的，副本和纠删码两种数据保护手段，也得以结合运用，可以通过将数据池化，并均衡分配到集群中的所有节点，降低存储系统的故障影响，提高自愈能力，保障业务连续性。

而对于以往成为瓶颈的高数据吞吐量的挑战，ParaStor从高速网络、高效模块、智能管理等方面进行了有效协同，保证了高性能计算系统对存储 I/O 的需求，存储不再是地震数据处理解释领域的瓶颈。

近年来，由于存储系统的密度不断增大，散热问题也成为瓶颈。液冷作为备受瞩目的技术，也成为必须攻下的难关。

在这一领域，曙光存储在华南理工大学部署的液冷存储系统成为业内首个成功案例。这个行业的重要刊物——《液冷数据中心白皮书》（简称《白皮书》），首次将此案例收录其中。《白皮书》中评价——曙光存储结合扎实的存储技术积累和领先的液冷技术，率先推出的业界首款液冷存储系统，成为补齐全栈式液冷数据中心的重要一环。

第七章
AI 时代

Chapter 07

AI 爆发的新基础设施

"我们长期积累的对于并行处理的经验，最终帮助我们在 AI 训练所需要的存储系统的研发中，有别的企业不曾有也很难有的深度 Know-How，这也决定了我们将在 AI 时代占据主动。"历军说，"我们将充分发挥存储的作用，让存储能力（存力）成为除算法、算力、数据外，AI 时代的第四根关键性支柱。"

举一个常见的例子，在 AI 大模型做推理或运算的时候，因为集群过于庞大，所以会经常因为某些硬件故障而中断，为了保证运算的结果不产生损失，常见的办法是建立检查点（Check Point），也就是在运算中定期自动保存。

"用一个不太精确的比喻来说，当模型还不够大的时候，建立一次检查点可能只需要传输几 GB 的数据。但当模型庞大无比时，可能会是几百 GB 甚至更多，这就需要极高的带宽，也就触发了传统存储子系统的短板。"一位存储专家说，"有时候，不是技术选择场景，而是场景选择技术。"

从这个例子中不难看出，存力，已经独立于算法、算力、数据，而成为 AI 体系的第四支柱。

可以说，没有抓住 AI 崛起浪潮的存储企业，一定会是被时代抛弃的存储企业。

那么，AI 为什么对存力有如此之高的要求呢？我们不妨探寻一下 AI 的发展路径。

AI 其实并不是什么崭新的概念。

1956 年 8 月，在美国汉诺斯小镇宁静的达特茅斯学院中，包括克劳德·香农（Claude Shannon，信息论的创始人）在内的几十位科学家正聚在一起，讨论着一个完全不食人间烟火的主题：用机器来模仿人类学习及其他方面的智能。

会议足足开了两个月，虽然大家没有达成普遍的共识，但却为会议讨论的内容起了一个名字：人工智能。因此，1956 年也就成为人工智能元年。

这个会议上的人工智能的概念，主要是作为一种理论被探讨的。

但有些事情已经埋下伏笔——1957 年发表的 "The Cell Assembly:Mark II" 这篇论文描述了当大脑中的一个神经元被激发时，它是如何激发相似的连接神经元（尤其是那些已经被感觉输入激发的神经元），并随机激发其他皮层神经元的。

这与今天的深度学习大模型结构非常相关，也非常相似。

一般来说，人们把人工智能的发展分为三次浪潮。

第一次浪潮是从达特茅斯会议后至 20 世纪 80 年代之前。

这一阶段，主要围绕机器的逻辑推理能力来设计。人们希望用人工智能解数学题、学习和使用人类语言。其中的一波小高潮，是 20 世纪 60 年代的自然语言处理和人机对话技术的初步突破，大大地提升了人们对人工智能的期望。

但受限于当时计算机算力实在过于孱弱，很难做出有实用价值的产品，因此美国政府决定于 20 世纪 70 年代中期停止向没有明确目标的人工智能研究项目拨款，人工智能的第一次浪潮渐渐趋于平静，主要原因是经费不足、算力不足，以及看不到重大的实用价值。

第二次浪潮开始于 20 世纪 80 年代后期专家系统的诞生。

所谓专家系统，就是计算机能够根据领域内的专业知识，推理出专业问题的答案，使人工智能实用化。

但这种智能也被质疑为"伪智能"，因为它没有深度学习能力，不会出现智慧涌现，所谓的知识库只能依靠人类用工程化手段实现。而且，专家系统的通用性很差，通常一个系统只能局限于一个特定领域。1990 年人工智能 DARPA 项目失败，宣告 AI 的第二次浪潮结束。

但第三次浪潮随之而至。

人工智能第三次浪潮兴起的标志可能是 2006 年杰弗里·辛顿（Geoffrey Hinton）等人提出深度学习，或者说辛顿等人吹响了这次浪潮的号角。

2024 年新鲜出炉的诺贝尔奖物理学奖得主、加拿大多伦多大学教授、计算机科学家和心理学家杰弗里·辛顿，在 2006 年只是一名除行业内人士外很少有人了解的学者。

辛顿的腰部有旧疾，这让他只能站着或者跪着工作，而无法坐着工作。他几乎不能乘坐飞机，出行严重依赖火车。他身形消瘦，貌不惊人。但经过 30 多年始终如一日的坚持，他基于 BP 神经网络提出用深度神经网络（Deep Neural Network，DNN）进行模型的学习训练（现在业界称之为"深度学习"，Deep Learning），掀起了 AI 研究与应用的热潮。

这一波浪潮来得如此猛烈，和时代背景也大有关系——这是一个 AI 与云计算、大数据结合的时代——简言之，互联网产生的大数据为 AI，特别是为机器学习提供了学习训练的数据支撑；基于网络的云计算技术则为 AI 提供了强大的算力支撑；而机器学习技术，特别是深度学习技术，为 AI 的学习训练提供了算法模型支撑。

此前的数次人工智能浪潮从没有像这次一样，一举聚集了算法、数据、算力的创新成果；另一个原因则是，工业界对此次浪潮投入了巨大的资源。

2011 年，IBM 研发的沃森机器人参加电视节目《危险边缘》，击败了所有人类选手，成为节目的新冠军。

2012 年，辛顿和两个学生成立的一家没有任何实际业务的小公司 DNN Research，收到百度、谷歌、微软、DeepMind 的竞价，最终谷歌以 4300 万美元的"代价"把"深度学习之父"辛顿请到了谷歌。

2016 年，运用深度学习的超级电脑围棋程序 AlphaGo 击败了围棋世界冠军李世石。

2022 年，美国 OpenAI 公司发布了聊天机器人 ChatGPT（Chat Generative Pre-trained Transformer，生成式预训练变换模型）。

ChatGPT 是一种自然语言处理模型，能够不断迭代学习和理解人类的自然语言，在此基础上完成对话交流、文案撰写、内容翻译、代码编写等任务，以其强大的信息整合和对话能力惊艳了全球。

这一次再也没有人怀疑 AI 时代的真实到来。

而存储，或者说存力，也迎来了前所未有的春天。

我们先说数据总容量的问题——毫无疑问，AI 将极大地加快社会数据总容量的提升，给存储产业创造巨大的红利。

在人工智能的早期，训练数据主要是文本，比如用网络爬虫在互联网上搜集的亿级规模的人类对话等，这个阶段的AI训练相对简单，对存储的需求也不那么迫切。

但当训练转向音频、图像及视频（比如语音合成、智能客服、图像生成、自动驾驶等领域）时，所生成数据的量呈指数级增长，对存储的需求自然而然地会有很快的攀升。因而随着时间的推移，数据的总量也在持续增长。IDC预计，截至2028年，每年（注意不是历年）产生的数据总量将接近400ZB（Zettabyte，泽字节）。

同时，AI系统在消耗现有数据的同时，在处理和分析现有数据过程中也会产生海量新数据，这些数据又将使模型训练的效率更高，这种滚动式增长数据的模式，促成了更多的数据存储需求，而更多数据的"投喂"又进一步优化模型效果，引发更多人使用模型，从而继续推动数据生成。一个良性循环的存储容量需求增长周期，就此诞生。

从满足深度学习算法的训练需求的角度看，这一环节通常需要海量数据作为输入，才能发挥其强大的学习与表达能力。特别是神经网络模型，由于神经元连接与权重需要大量数据的反复训练来确定，需要提供大规模的数据集作为支持，这也是人工智能需要大量数据的重要因素。

在更高维度的大模型训练中，学习模型需要更海量的数据来进行训练与优化，才能获得很强的预测和识别能力——

数据量的增多可以提高模型的准确性与泛化能力。这是人工智能发展到大模型阶段更加需要海量数据的首要原因。

进而，由于深度学习模型和数据源的多样性，以及通常用于深度学习服务器的分布式计算的设计逻辑，为人工智能提供存储的系统必须满足以下要求。

第一，能兼容各种各样的数据格式，包括二进制对象（BLOB）数据、图像、视频、音频、文本和结构化数据，它们具有不同的格式和 I/O 特性。

第二，具有可横向扩展的系统架构，其中工作负载分布在多个系统中用于训练，可能有数百个或数千个节点用于数据推理。

第三，能应付带宽和吞吐量大增。简单来说，目的就是宁可让数据等 GPU，也不让 GPU 等数据，因为在核心训练过程中，等数据会让算法的性能显著降低。

第四，无论是内存，还是硬盘，人工智能训练对存储需求的本质均是——除要求并行处理能力、海量存储、可扩展性和高可靠性外，一个特殊的要求就是，存储系统可以快速向计算硬件提供大量数据。无论数据特性如何，其 IOPS 都必须维持在高吞吐量的水平。

这种"既要、又要、还要"的新需求，注定了深度学习的存储系统设计必须向各种数据类型和深度学习模型提供均衡的性能。根据 NVIDIA 一位工程师的说法，要想成功地建立大规模训练集群（也就是我们经常谈及的万卡、十万卡大集群），在各种负载条件下都要验证存储的系统性能，这对成功至关重要。

他说，"工作负载的复杂性加上深度学习培训所需的数据量创造了一个具有挑战性的性能环境。考虑到这个环境的复杂性，在投入生产之前收集基准性能数据，验证核心系统（硬件组件和操作系统）是否能够在综合负载下提供预期性能至关重要。"

如果以上描述有些枯燥，那么我们可以举一个典型的例子——大名鼎鼎的 ChatGPT 对存储的需求。

首先，是用于训练的海量数据。它汇聚了维基百科、书籍、新闻、博客、帖子、代码等各种人类语言材料。而学习训练用的海量数据，只是初步要求。

其次，基于海量数据，对 ChatGPT 的超大模型进行语境内学习训练，构建出能举一反三的语言通用规律。这涉及无监督学习、监督学习、强化学习等多种类型的学习模式，每种类型的高速训练网络都需要系统强大的存储性能来支持。

最后，当模型完成基本训练后被放到互联网上供公众使用时，其非凡的创造力会产生无数的对话、无数的优质文档，这些新数据又将反哺模型训练，进而产生更多的数据。

由此不难得出结论，数据是人工智能发展的基石，也是人工智能进步的源泉。只有不断地丰富数据，人工智能才能展现其真正的潜力，这才是 AI 时代对存储提出更多的、更高的需求的本质原因。

AI 选择了 SSD，而不是 SSD 选择了 AI

如果我们了解到 AI 芯片和 AI 集群的发展方向，就会对 AI 之于存储性能的需求有所了解。

在 AI 算力集群中，有各种各样的关于存储的设计。但它们共同指向一个底层逻辑，那就是通过高算力、高带宽、高数据吞吐量来避免任何一个环节成为系统短板。

这挑战了传统的计算架构。传统计算架构多用于互联网基础设施（传统数据中心）的工作负载，以及具备简单分析能力的数据库的工作负载，可以在拥有十几条 DDR 内存通道的服务器 CPU 上运行良好。但对于强度更大的高性能计算模拟 / 建模及 AI 训练和推理，即使是最先进 GPU 的内存带宽和容量，也有点儿招架不住。

这里不得不提到一个概念，即 HBM（High Bandwidth Memory，高带宽内存），这是一种用于 CPU 和 GPU 的创新型内存芯片技术。它本质上是将多个 DDR 芯片通过垂直堆叠的方式与 GPU 一起封装，从而形成一个具有大容量和宽数据通道的 DDR 组合阵列。

有一位工程师给出了非常形象的比喻：如果传统 DDR 技术采用了平房设计，那么 HBM 则采用了"摩天大楼设计"。这种垂直堆叠的设计极大地提升了性能和带宽，使 HBM 能够在处理大量数据时表现更加出色。

HBM 最早由 AMD 与 Hynix 合作开发，随后成为 JEDEC（固态技术协会）的标准。HBM 技术的关键在于它的 3D 堆叠内存芯片（Die）和通过硅通孔（Through-Silicon Vias,TSV）与微凸点（Microbump）实现的垂直互连。硅通孔是穿过硅片的垂直电导通道，而微凸点则用于连接各个堆叠层，这些技术允许数据以极高的速率在存储器层之间传输，大大提升了数据传输速度和效率。

为了追求极致速度，现在最新的 GPU 卡上最多会把 HBM 堆叠到"丧心病狂"的 192GB，这造成了内存的成本高于 GPU 芯片本身的奇特倒挂现象。

在这里讲这么多，是希望和读者阐明一个概念，就是 AI 运算对于效率的渴求是永无尽头的，而传统机械硬盘构成的存储体系完全无法与之匹配。

幸好 SSD 如期而至。特别是支持 NVMe 的 SSD，可以说迎合了 AI 渴求的存储介质创新。其中，NVMe 不是介质，而是一种存储设备和操作系统之间的高层协议，用于管理存储请求和数据传输。这种协议特别针对 SSD 进行了优化，包括支持多队列并行操作，大幅提高了并行处理能力。特别是在多核环境中，每个核心都可以独立处理命令队列，减少了处理瓶颈。

也许有人会问，AI 对存力的高需求，是否决定了其只能使用集中式存储？答案是否定的，目前在 AI 训练领域，分布式闪存足以满足其严苛的需求。

在现实中，我们可以看到，分布式存储在 AI 领域的大行其道，极大地提升了固态存储的需求量。一位研究者表明——出于成本考量，分布式系统中的每个节点往往都不会连接多级 JBOD，从而靠大量的硬盘形成高并发性能，而是只靠每个服务器自带的少量盘位，再加上 SSD，来抵消跨网络通信带来的时延增加。这种"混合闪存系统"就足以形成让传统机械硬盘体系望尘莫及的 IOPS 和时延性能。

而后，随着 AI 的爆发，特别是大模型这一波浪潮的到来，真正意义上的分布式全闪存产品，开始大行其道。

我简单地将其总结为——是 AI 选择了 SSD，而不是 SSD 选择了 AI。

在 AI 时代，应该被关注的不只是万卡集群这样的大装置，反而应该注意到，计算和存储的分散化趋势也日益明显。这促使行业逐渐从传统的核心数据中心集中模式，转向更多工作向边缘迁移的模式——也就是说，分布式计算、分布式存储和一个全新的概念——分布式智能，是互相促进发展的。

而在实际场景中，如在实时推理和强化学习的处理方面，基于 SSD 的分布式存储的重要性日益凸显，TCO（总体拥有成本）则在逐渐下降。

NAND 闪存解决方案供应商 Solidigm 的分析师曾经提出一个论据——一个 Gen 4 PCIe SSD 机架的性能，相当于 9 个机架的 HDD 的性能。

这不仅意味着物理空间的节省，也意味着能耗的节省——谁都知道 AI 训练集群是电力消耗大户。但事实上，其中 35% 的能耗并不是用于计算，而是消耗在有机械部件的机械硬盘上，这意味着基于 SSD 的存储设备至少可以带来 20% 的能耗节省。

这位分析师还指出——考虑到很多用户都是通过租用智算中心的算力开展业务的，全闪存的优势更加明显——全闪存在进行存储、准备和训练的同时，可能会受到多个通道的影响。也就是说，存储设备在执行训练任务的同时，可能还需要处理 Check Point 任务，或与其他并行通道一起进行准备，这导致了更为复杂的混合 I/O 工作负载。特别是在面对高并发或多租户环境带来的混合流量时，高带宽的 SSD 的优势就更加明显了。

但是，分布式闪存存储也面临着路径选择的问题。

无共享体系（Shared-Nothing，SN）架构是一种分布式计算体系架构，其中每个更新请求都由计算机集群中的单个节点（处理器 / 内存 / 存储单元）来响应。

与之相对的是共享所有内容（Shared-Everything，SE）架构，其中请求由任意节点组合响应。这可能会引入争用，因为多个节点可能会同时寻求更新相同的数据。

这两个架构其实最早实践于数据库领域，但慢慢地延伸到了分布式存储领域。

SN 架构似乎拔得头筹。这可以追溯到 2003 年谷歌发布的 GFS，这个体系就采用了 SN 架构，从而解决了 IBM GPFS 的 Shared-Disk 带来的成本和扩展性问题，成了存储圈 SN 架构的启蒙。

后来的 HDFS（Hadoop 分布式文件系统），以及无数的软件定义存储创业公司，都参考了 GFS 的 SN 架构，而 IBM 的 GPFS（通用并行文件系统）早期坚持采用 Shared-Disk 架构，2012 年开始顺应潮流支持 SN 架构。

在某种意义上，SN 架构成为分布式软件定义存储的标准架构，至今已经有 20 多年的历史。全球所有的分布式软件定义存储中，99% 都采用 SN 架构。

但是，近几年里，SE 架构似乎有兴起的趋势，被认为尤其适合高端存储领域。

SN 架构的优势，主要是能够较好地解决资源分配不足的问题，每一个 CPU 都有私有内存区域和私有磁盘空间，这样就解决了资源互相挤兑与浪费的问题。

支持这种架构的人认为，虽然 SE 架构能够实现数据的自由流动，但相应地对性能的要求很高，这是此前业界没有选择 SE 架构的根本原因。但是，随着高速存储介质的出现和网络技术的突破，包括更强大的处理器、高速的 SSD 与动辄100GB 起步的网络带宽，都为 SE 架构提供了足够强大的性能支持，从而使这一架构"让数据在不同架构之间自由流动、自在存储"的梦想，终于可以基于当前的设备水准而得以实现。

不过，目前支持 SN 架构的分布式闪存产品还是主流，曙光存储于 2024 年 6 月发布的 ParaStor 分布式全闪存存储，升级后仍然采用 SN 架构，但是依托 NVMe 全闪存的技术优化，单节点带宽达到 150GB/s，性能达到 320 万 IOPS，并成为 x86 和 ARM 两大平台的性能优选。升级后的 ParaStor 分布式全闪存存储更加契合 AI 相关业务场景的需求，可极致发挥硬件性能，提升全平台整体表现 20 倍以上，堪称"最懂

AI 的存储"。

新发布的 ParaStor 分布式全闪存是基于之前在性能优化领域的长期积累。2022 年，中科曙光获得了 IO500 的 10 节点榜单冠军，并且将世界纪录提升了 146%，这标志着我国自研存储力量已经跻身世界一流阵营。

国际权威的存储性能测试榜单——IO500 榜单，主要包括"全榜单"和"10 节点榜单"。相比于全榜单可以充分利用不限客户端规模的优势，10 节点榜单将客户端数量严格限制为 10 个节点，是对存储系统全栈技术研制、优化和创新能力的更高难度的挑战。

因此业内认为，中科曙光的获奖，除技术实力外，也显示了行业在推动数据中心逐渐从"计算密集型"向"数据密集型"演进的实践；而对于客户来说，不管其偏好传统的高密度计算场景，还是新兴的大数据挖掘等领域，IO500 混合 I/O 模型负载的评测，都可以为客户提供参考价值。

让我们用事实说话——2023 年 8 月 18 日，智元机器人发布第一代通用型具身智能机器人——远征 AI，以"半年造出人形机器人"的惊人速度震撼业内。

事实上，智元机器人能够实现产品的快速迭代，离不开曙光存储提供的智存产品——ParaStor 分布式全闪存存储的支撑。

我们曾经提到，AI算力集群的每一个设计，都是为了极致的效率和相对的无短板，而ParaStor分布式全闪存存储采用了业界首创的五级加速方案，包括本地内存加速、BurstBuffer加速层、XDS双栈兼容、网络加速，以及存储节点高速层。

这一切，都是为了让数据无须等待。

本地内存加速是一种"精打细算"的设计，它是对计算节点自身的CPU所对应内存资源的优化利用。简单地说，就是让关键数据和需要训练的热点数据，被优先应用或缓存至CPU自身的内存中，将本地内存的响应时间降至纳秒级别，从而实现对热点数据的加速处理。

这一步看似简单，但需要对AI计算节点的底层运作机制有深度了解才能做到。

而Burst Buffer加速层，则是一种架构级优化。它旨在尽量减少跨网络访问远程存储，将关键数据存储在计算节点本地的NVMe盘上，利用NVMe协议的原生高速、高带宽的特点来提速。大家都知道，对读写性能影响最大的就是读取海量的小文件，而在AI训练中这种场景非常常见，例如大量需要清洗或已经标注过的数据，在一个文件夹下可以达到数百亿个文件，而Burst Buffer加速层能够将读取性能提升数倍甚至十倍以上。

此外，在传统模式下，GPU 的工作方法是先通过 CPU 进行协同，再与存储交互，但现在 CPU 的资源非常吃紧，这种协同大大地增加了 CPU 的工作量。而 XDS 双栈兼容是让 GPU 直接访问存储，不仅减少了 CPU 本身的损耗，也缩短了整个 I/O 通路，并且降低了时延。

网络加速（RDMA-Based）则主要运用 RDMA 技术。目前，AI 集群通行的网络，无非是 InfiniBand 网络或者以太网，而 RDMA 或 RoCE 被设计成无论使用哪种网络，都能最大化地利用网络带宽，为数据传输提供网络层的加速。

存储节点高速层（NVMe SSD-Based）是 ParaStor 分布式全闪存存储系统中的关键组成部分，它通过提供高性能的数据存储和访问能力，显著提升了 AI 应用中的数据处理效率和整体性能。目前在 AI 应用中，NVMe 全闪存被广泛采用。为了充分发挥全闪存的性能优势，ParaStor 分布式全闪存存储在存储层也进行了相应的优化和加速。

详解这些细节，无非是希望读者了解，SSD 不仅仅通过介质本身的升级换代来发挥优势，还通过各种架构级创新和代码级优化，不放过每一个可以提升效率的细节，把用于 AI 的分布式闪存产品的性能提升做到极致。

在我访问的国内某个头部智算中心里，就出现了中科曙光的分布式闪存产品，用于自动驾驶环境下的计算机仿真测试。与传统的 SSD+HDD 混合文件存储相比，ParaStor 分布式全闪存存储可以做到秒级写入 3TB CKPT 数据，整体训练效率提升 50% 以上。

而中国作为全球唯二的 AI 创新策源地，对分布式全闪存产品的需求十分强烈。

根据赛迪顾问发布的《中国分布式存储市场研究报告（2024）》显示，2023 年，中国分布式全闪存占比超过 20%，相比于 2022 年增长了 59.4%，增速惊人。

尽管市场规模还小，但随着闪存价格下降，用户对性能要求不断提升，分布式全闪存未来可期。报告还提到，得益于 AI 大模型、智算中心的发展，2023 年，分布式存储 AI 大模型场景市场规模为 13.6 亿元，增速达到 45.8%，产品主要用在模型训练和推理环节。

可以相信，随着 AI 大模型的持续迭代，分布式存储 AI 大模型将成为中国数据圈（即创造、采集、复制的数据总量）中产生数据密度最高，I/O 性能压力最大的应用场景，而这将持续推动分布式闪存的进步，以及在未来引入 SE 架构等计划。

第八章
超级装置

Chapter 08

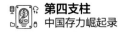
至高境界

新泽西，虽然面积在美国所有州中排倒数第 5，但位置绝佳，属于美国东部最富裕的消费市场的核心区域，与纽约的华尔街隔哈德逊河相望，与宾夕法尼亚的费城隔德拉瓦河相邻，距离华盛顿特区约 4 小时车程。

这里是美国电子行业的重镇之一，其成因在某种程度上可归结为爱迪生（Thomas Edison）于 19 世纪 70 年代初曾在此设立公司。此外，有大量的 IT、银行、化工和金融企业的总部位于新泽西。

艾斯林是新泽西中北部的一个小镇，以日益增长的印度裔人口而著称，在这里可以买到原产的印度食品、糖果和纱丽。但在此提及这个小镇，是因为 Violin Memory（以下简称 Violin）在这里诞生。这是一家在闪存发展历史上有着重要地位的企业。

2005 年，也就是惠润海刚刚成为中科曙光的存储产品总监的这一年，Violin 在艾斯林被创立。换句话说，就是在中国内地企业还没有搞定机械硬盘阵列的时候，美国企业已经在探索闪存阵列了。在某种程度上，这的的确确说明了当时中国存储产业和世界水平之间的差距。

闪存的历史可以追溯到 1967 年，这一年贝尔实验室的江大原（Dawon Kahng）和施敏（Simon M. Sze）博士共同发明了浮栅 MOSFET [1]，这是所有闪存——EEPROM 和 EPROM 的基础。

但直到 19 世纪 90 年代初，闪存行业才开始以前所未有的速度迅速扩张，1991 年营收达到 1.7 亿美元，1992 年达到 2.95 亿美元，1993 年升至 5.05 亿美元，1994 年达到 8.64 亿美元，1995 年直接达到了 18 亿美元。

早期的闪存多用于袖珍电子设备和消费级存储卡，我们熟悉的掌上电脑、数码相机，以及苹果公司跨时代的音乐播放器 iPod 等，都是基于闪存而诞生的。

而说到企业级闪存，就得提一下 TMS（Texas Memory System）了，这家公司早在 1978 年就成立了，但直到 2001 年 1 月才发布了面向企业的第一代全闪存阵列 RamSan-520，这款产品仅仅支持 64GB SDRAM 存储容量。

Violin 也是最早考虑将闪存拉入企业级市场的企业。这家公司在 2005 年就开发出了一种被称为 FFA（闪存结构架构）的专有设计，这是标准 SSD 还没有普及和成熟时期的产物。

Violin 之所以坚持使用 FFA 模块，是因为 FFA 在设计上就是为企业级应用准备的。Violin 的创始人认为，标准 SSD

1　MOSFET 是 metal-oxide-semiconductor field effect transistor 的缩写，即金属－氧化物－半导体场效应晶体管。

不能最大限度地在阵列中发挥作用，所以进行了一系列特定设计，如模块化组织闪存芯片的网格，以及用于容错的专有交换架构等。

2009 年，Violin 推出了第一代全闪存阵列；2011 年，Violin 推出了 6000 系列共享闪存存储阵列，完全内置了自家的 FFA 模块。

Violin 的光彩吸引了大洋彼岸东芝公司的注意，成了东芝投资的唯一一家海外存储企业，而东芝也是闪存市场最重要的供应商之一。这一系列的早期成功，使 Violin 在短时间内就成为全闪存阵列初创厂商阵营中的领导者，在 2012 年获得了大量行业分析机构与媒体的认可，并被 SearchStorage.com 评为最受瞩目的初创存储企业。

但事实上，由初创公司而不是行业巨头来推动行业向新的标准过渡的努力大多不会成功，随着越来越多的传统硬盘巨头开始进入标准 SSD 领域，Violin 的 FFA 独力难支。Violin 转而放弃这条产品线，还出售了自己基于 PCIe 接口的闪存卡业务，开始专攻全闪存阵列。

其实，早期的闪存阵列产品似乎走偏了方向，它们并不是机械硬盘阵列的取代者——在某种程度上，也是因为当时的闪存颗粒太过于昂贵且容量较小，让闪存阵列显然在总体拥有成本（Total Cost of Ownership，TCO）上无法形成机械硬盘阵列的替代方案。

所以，这些初代全闪存阵列系统，在设计时的核心目的主要是利用 SSD 的高性能，提供极高的 IOPS（每秒进行读写操作的次数）、较强的带宽能力、较低的时延等。它们被设计为具备更有效率的系统缓存，用于在特定环境下提升整个存储系统的读取速度，在软件设计上则完全没有考虑冗余、纠错、数据保护等存储阵列必备的特征，所以这一类剑走偏锋的产品注定无法接过机械硬盘阵列的火炬。

但它们的价值在于，至少把闪存和阵列这两个看似相去甚远的概念联系了起来，并推出了市场化的产品。

随着 SSD 的使用成本快速下降，第二代全闪存阵列开始出现。它们的特征是，把全 SSD 设计和此前的经典存储阵列融合在了一起，在软件端补齐了远程复制、快照、精简配置等企业级存储必备的标志性功能，代表产品有 IBM 的 Storwize F 系列、HP 从 3Par 收购的 StoreServ 7450 系列、EMC 的 VNX-F 系列等。

这一代全闪存阵列的特点是，完全把闪存融入了阵列，可以与传统的磁盘阵列进行无缝衔接、组成混合存储设施，同时在使用方式上基本保留了机械硬盘阵列的特点，这使得使用者无须经过额外的学习和培训就能熟练使用。但它们的缺点（或有待改进的地方）是，在 SSD 的特性挖掘上不如 Violin 的产品那样有想法，用一位当时的用户的话说就是："针对闪存仅仅做了少量的优化，而相对于 HDD，这代产品的性能无法释放闪存的全部能量。"

因此，所谓的第二代全闪存阵列也没有引起真正的市场轰动——根据分析机构的统计，这一代产品的销售规模大多为几百万美元，仍然没有被企业大规模部署。

相比之下，Pure Storage 尤为幸运，也很重要。这家公司成立于 2009 年，就在其风险投资商的办公室里直接启动，此后一直在保密状态下研发产品，直到 2011 年才对外公布。除了长达两年的保密开发，给这家公司披上一层神秘面纱的，还有它得到了来自美国中央情报局的风险投资机构 In-Q-Tel [1] 的投资。

Pure Storage 可能是第一波闪存阵列创业浪潮中，为数不多的独立存在到现在并日益壮大的企业，而其他曾经获得较大成功的企业则基本都被巨头"吞噬"。

XtremIO 就是一个典型案例。这家公司在两轮风险投资后就被 EMC 公司收入囊中。当时，它的第一代产品尚未上市销售。这家公司的存储阵列现在已经成为 DELL EMC 的一条产品线。

XtremIO 的初代产品其实是以 EMC 公司的名义发布的，在 2013 年 11 月 14 日正式上市。它提供一种名为 X-Brick 的

1　这个机构是真实存在的，据说其名字中的"Q"指的是"007"系列电影中的角色——科学家 Q 博士。

6U 存储节点构建块，如果通过双 InfiniBand 把 4 个 X-Brick 连接起来，就可以提供 100 万 IOPS 的性能，这在那个时代是相当可观的。

在 XtremIO 没有对外发布任何实际产品时，收购该公司被认为是一场豪赌，是 EMC 急于在产品线上追赶对手的一次努力。但是，在发布 X-Brick 后的 6 个季度内，该产品实现了 10 亿美元的总预订额。这在今天看来可能不算很出众，但是在当时是非常惊人的。在 2014 年的全固态存储市场上，如果不把此产品的销售业绩与 EMC 的其他产品合并的话，其发货量排在市场第 3 位，仅在 EMC 和 IBM 之后，但高于 HP、NetApp 等存储巨头。

在某种意义上，X-Brick 是第三代全闪存阵列的代表，它拥有强大的自研控制器，提供了在线和全时的数据服务，具有很高的一致性——号称在一天中的每一毫秒，都能提供一致和可预测的性能（一致性被认为是开发存储产品最大的难点之一），它还提供了一系列企业级的服务。凭借这些特性，被收购之后的 XtremIO 拥有众多《财富》世界 500 强排行榜的上榜客户，包括前 100 名中 60%、前 200 名中 47% 的企业——它完全成了大公司的"心头好"。

像 Pure Storage 这样能够存活下来的独立存储创业公司是极少的——这也反映了美国 IT 行业的某种僵化（这种情况在生物医药领域同样存在）。也就是说，越来越多的创新不是由 IBM、EMC、甲骨文这样的巨头创造的，它们内部的创新日趋乏力，开始通过收购其他公司来完成技术迭代。

其中，包括 EMC 以 10 亿美元收购 DSSD（NVMe-oF 阵列技术领域的先驱公司），TMS 被 IBM 吞并（TMS 的技术被并入 FlashSystem 阵列），以及 Skyera 被西部数据收购。

有趣的是，巨头之间也在围绕闪存做交易。作为一家全闪存阵列厂商，2014 年是闪迪（SanDisk）的"辉煌年"，它砸了 11 亿美元收购 Fusion-io，就此推出了 IntelliFlash 大数据阵列。但大鱼吃小鱼，2015 年，西部数据以 190 亿美元的价格收购了闪迪。

在一阵令人眼花缭乱的收购中，闪存存储，特别是集中式闪存存储，成为市场上最受关注的领域之一，大量的资本流入，推动产品不断换代。值得我们注意的是——新一代全闪存产品把 1ms 时延定义成了能力基线，从而很好地平衡了性能和存储效率，在线性能无损的重删和压缩也成了标配。市场上的典型产品就是前面提到的 DELL EMC 旗下的 XtremIO、PureStorage 的 M 系列产品等，它们开始成为市场上的主流，如日中天。

值得一提的还有 NVMe（NVM Express）访问方式的崛起。

NVMe 是一种接口规范，是与 AHCI（Advanced Host Controller Interface，高级主机控制器接口）类似的基于设备逻辑接口的总线传输协议规范（相当于通信协议的应用层），用于访问通过 PCI Express（PCIe）总线附加的非易失性存储器介质，这里主要指的是 SSD。

大部分读者可能会记得，早期的 SSD 产品在形态上跟 2.5 英寸机械硬盘很像，不仅有同样的尺寸，还用同样的 SATA 接口，以及同样的接口标准（AHCI）。不过，虽然早期 SSD 的性能还没有达到 SATA 6Gbps 的极限，但创新者已经未雨绸缪——2011 年 3 月，NVMe 1.0 标准正式发布。

说到 NVMe 标准比起 AHCI 标准的优势，其中之一就是低时延，另一个是可以大大提升 SSD 的 IOPS 性能。

我们要在这里讨论的并不是 NVMe 接口，因为对于集中式存储来说，真正要变革的是实现通过以太网和 InfiniBand 等网络链路来扩展 NVMe 协议，以便无论是通过 TCP/IP 还是光纤通道，都可以加速对全闪存阵列数据的访问。

NVMe 协议不仅用于在服务器内部直接连接本地固态存储设备，还具备网络传输的能力，使存储解决方案可以跨越物理界限。在网络环境中，NVMe 协议的扩展——NVMe over Fabrics（NVMe-oF）技术，允许在存储系统与服务器之间建立灵活的点对点连接，实现高效的数据传输。

这个技术挑战，带起来又一批全闪存阵列初创公司——Apeiron、E8、Excelero、Mangstor 和 Pavilion Data Systems

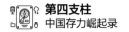
等的发展。

说到这里，不得不提及企业级存储历史上一次伟大但失败的尝试——Optane存储级内存，也就是英特尔的傲腾内存。

在21世纪初期，英特尔想在存储领域实现一次弯道超车，于是提出了"傲腾"技术，旨在将存储与内存的界限模糊化，以应对不断增长的数据存储需求。该技术的核心目标是创建一种能够同时具备高存储容量和快速访问速度的解决方案。

我们都知道，在传统的计算机架构中，内部存储（这里指RAM，简称内存）和外部存储（例如硬盘）是分开的，内存负责保存需要进行快速处理的程序代码和数据，而硬盘则负责长期保存信息。

随着固态介质的崛起，非易失性存储器（Non-Volatile Memory，简称NVM）的性能不断提升，英特尔产生了一个想法：是否能够结合NVM的持久特性与DRAM的快速特性，创建一种既快速又持久的存储设备？

当时的SSD，尽管在速度和存储密度上取得了长足进步，但仍然无法与RAM在速度上竞争。

真正的技术突破出现在2015年，英特尔和美光科技联合推出了3D XPoint技术，这项技术被宣传为存储技术的革命性突破。

简而言之，3D XPoint 材料的结构不同于传统的半导体存储器，它通过改变材料中的原子排列来存储数据，而不依赖电流传导或电容充电，因此可以既具有传统存储器的持久性和高密度特性，又具有接近内存的性能。这是一次伟大的尝试。

英特尔的野心不仅仅是创造一种速度更快的企业级存储设备，其目标是彻底改变计算机的架构，从而大幅提升整体性能和计算性能。这样，该技术将特别适用于大数据、人工智能和高性能计算等领域。

英特尔在自己的官方网站中雄心勃勃地宣布，傲腾技术可以提供高随机读 / 写性能和一致的低时延，它是这么说的——企业可以利用这一优势，部署英特尔傲腾固态盘来加快缓存速度，替代大量成本高昂且容量有限的 DRAM；同样，企业或机构也可以部署高速且十分耐用的英特尔傲腾固态盘将其用作缓存层，并将基于 NAND 闪存的固态盘用作容量层。

这个想法打动了一代存储企业，它们纷纷视之为一个重要的变革机会——当时，HPE 已经将 Optane 技术加入了 3PAR 阵列控制器，DELL EMC 也将 Optane 技术加入了 VMAX 和中端阵列产品线，NetApp 则将 Optane 技术加入了自己的阵列服务器……

很可惜的是，尽管有这么多的大牌企业支持，这个昂贵的梦想还是以失败告终。

这是因为，能超过内存的读写速度，同时兼具硬盘介质的经济性——英特尔在实现如此完美的介质上，做得还不够极致。在实际的部署中，英特尔事实上还是将傲腾内存产品和傲腾固态盘产品分开发售，并没有彻底实现"一种介质，两种功能"。

说起来很拗口——傲腾固态盘不能用作内存（可以作为阵列的缓存层），但傲腾内存可以反向用作固态盘。

事实上，英特尔考虑得很充分，其傲腾内存产品可以按3种模式设置，即普通内存模式、应用（不经过CPU）直接访问模式和高性能块存储模式（也就是当作固态盘使用）。

傲腾还面临很多架构上的问题，例如，传统内存架构使傲腾内存产品的读取速度约为标准 DRAM 的 3 倍，写入速度几乎是 DRAM 的 10 倍。虽然这比 NAND 闪存快得多，但还不能取代内存。这个问题并不完全是由介质的特性造成的，而是因为 DDR DRAM 总线设计没有随之进行架构跃迁——这样的问题比比皆是。

更重要的是，就算英特尔自己在特定的平台、主板和处理器上解决了上述问题，也意味着第三方没有足够的积极性拥抱这种技术……IT 行业的规律，就是生态的建立必须有足够的客观利他因素。

傲腾显然没有考虑到合作伙伴适配和利用这种技术的难

度，也就是说，如果采用全部使用英特尔打包的技术加硬件的方式来应用，性能可能会得到提升，但利润的大部分也会被英特尔拿走。若通过自研把傲腾产品融入自家的产品，则需要消耗大量的资源，也得不到足够的生态资源、开发社区的支撑——这种不合理的生态分配机制，从另一个角度加速了傲腾的失败。

如果给傲腾足够的时间，通过迭代来实现性能的完善和成本的下降，那它也许能活下来，甚至实现自我超越，但英特尔很快就放弃了努力。

简言之，傲腾在技术特性上是一个完全征服了行业的产品体系——因为，即使把傲腾固态盘当作普通的 SSD 来用，其性能和寿命也可以吊打同规格的 MLC（Multi-Level Cell，多层单元闪存）产品。但是，傲腾始终难以降低的成本与正在爆发的大数据浪潮，恰好背道而驰——整个存储行业的发展轨迹，就是通过不断完善的软件机制，让更便宜的介质发挥更高的性能和更高的可靠性，最终实现动态平衡——无论是集中式存储还是分布式存储，都遵奉这一规律。

就整个存储市场而言，在 2019 年，SATA/SAS SSD 还是主流，机械硬盘在持续性数据存储中还在发挥着主要作用。但在短短几年内，就在本书成文的当下，技术的飞跃式进步已经颠覆了这一格局。特别是随着人工智能相关业务的驱动，存储市场开始出现分化和迷思。

如果站在 2024 年这个时点上，梳理近一两年的 IDC 等权威机构的报告，我们不难发现一些有趣的迹象。

集中式存储并没有像此前设想的那样，迅速退至金字塔尖部的高端但小众的市场，反而基本稳住半壁江山，特别是随着全闪存阵列将集中式存储的性能天花板再一次提升之后，这一市场对于传统用户（例如基于实时交易系统等场景的用户），仍然有巨大的黏性。所以综合来看，在 5 至 10 年的周期内持续对集中式全闪存系统进行投资，仍然是有远见、有能力的企业应该做的。

其次，人工智能的牵引作用有可能被过度放大。

就在撰写本书时，英伟达刚刚登上全球市值第一的位置，但这个结果让人不喜反忧。我们不得不思索，目前军备竞赛式的人工智能发展是不是常态，可不可持续？在全球大模型普遍没有落地、没有赚钱，甚至还在炒作概念的情况下，对人工智能的投资会不会导致出现不良资产？对人工智能场景下的存储需求，尤其是在高性能方面的需求，会不会被目前的竞争格局引向一种不计成本的畸形发展，以至于不得不在另一个时间周期内承受高成本带来的冲击？

再者，全球存储市场在 2024 年的发展数据不容乐观。

在整个存储市场的热度实际上比上一年度微降的前提下，内存市场畸形火热，而这主要是因为 GPU 上的 HMB（Host

Memory Buffer，主机内存缓冲区）内存等需求在牵引。同时，集中式闪存企业也希望凭借超高性能吃下人工智能市场。但与内存市场的过分火热相对，我们要看到有支撑作用的 NAND 市场退步了 40%，其中固然有制造商为了控制价格而进行"减产提价"的因素，但也可以窥探到消费电子市场的全球疲软，以及这背后的全球经济承压。

作为目前唯一还在急剧成长的人工智能存储市场，集中式存储、分布式存储都有各自的解决方案。我们要看到，虽然在人工智能客户日益增长的存储需求中，一个突出的趋势是对高性能存储解决方案的渴望，但是从整个产业的格局来说，客户不仅需要通过分配更高性能的存储资源来处理更多的任务，还需要追求更高的空间效率、更低的整体拥有成本，乃至更完善的数据保护服务。

现有的面向全场景的分布式闪存存储系统架构或者集中式全闪存架构，都难以用一种形态来满足以上所有需求。这可能需要我们跳出"分布式或集中式"二选一的局限，跳到"存力"和"通存"两个概念上，从更高的维度进行全局性的统筹。

我们的一个有利条件就是，中国是全球第一大数据圈和全球"唯二"的人工智能创新策源地之一，我们有足够的需求来承托存储市场的成长、创新和进步，特别是在全闪存时代到来后。

所以，我们对集中式全闪存存储的看法，应该是着重观察这一市场的极致需求对创新的拉动作用。作为存储领域的至高境界，集中式全闪存技术的进步不仅是自身细分赛道的进步，还会不断地下放各种技术到分布式市场，从这个角度来说，让该技术居于金字塔尖的位置才更有意义。

中国全闪存阵列首次冲击世界第一

无论目前的存储市场格局存在何等争议，全闪存阵列高速发展是一个不争的事实。

在欧美成熟市场，全闪存阵列已经占据企业级闪存存储市场的半壁江山；在中国市场，全闪存阵列的份额还没有那么高，这意味着中国本土全闪存阵列市场还有巨大的成长空间。

或许是巧合，或许是竞争，中国存储市场的两家领军企业——华为和中科曙光，都在 2024 年下半年拿出了自己的全闪存阵列代表作。其中，中科曙光的 FlashNexus 率先发布，成为全球首个达到亿级 IOPS 的集中式全闪存产品；而似乎为了展现自己的实力，华为也在两三个月之后拿出了自己的首款亿级 IOPS 产品。从某种意义上说，这是全闪存阵列市场的尖峰竞争逐渐向中国市场转移的一个例证。

前面说过，华为是先做集中式后做分布式，而中科曙光则刚好相反。一度，我认为这是因为华为在起步时的技术储备更充分，因为集中式存储显然面向更高端的市场。但随着访谈的深入开展，我意识到，这其实和技术储备没有太大关系，更主要的原因是两者面对的市场不同。

中科曙光作为一家凭借先进计算起家的企业，最初发展存储的利基市场在高性能计算领域，也就是主打高性能计算的存储，它的底层需要一个大规模、高带宽、可扩展的共享存储子系统。基于这种需求，特别是对高可扩展能力的需求，从当时的形势看，最合适的路径就是分布式存储架构。所以中科曙光走的是这条路线，这和它的早期产品基本上都服务于高性能计算领域的客户密不可分。

而相对来说，华为进入该领域比中科曙光晚，它的客户最开始基本都是传统企业中的大型机构，这类客户对集中式存储产品有特定的需求和偏好。这才是华为从集中式存储出发的根本原因。

虽然路径选择是一个重要背景，但技术储备也的确是中科曙光较晚发力集中式存储市场的一个不可忽视的因素。

根据 FlashNexus 的研发负责人郭照斌回忆，中科曙光历史上第一次进行集中式存储的预研，大概是在 2012 年前后，也就是中科曙光推出基于分布式存储的 7 大解决方案的同一年。

当时，中科曙光希望在兼容当时非常流行的SBB（Storage Bridge Bay）架构的基础上实现集中式存储。

SBB是一种技术规范，旨在解决不同厂商生产的磁盘阵列与控制器之间的兼容性问题。不同品牌的磁盘阵列即使在外观、性能和技术参数上存在差异，但仍能通过SBB实现兼容，从而大幅降低硬件与固件的研发成本、缩短研发周期。

从某种意义上说，选择融合SBB架构，可以证明曙光存储在很早期就有了通用存储的概念——即实现不同架构、不同协议的设备中的数据的自由流动。

SBB的出现也可以看作壁垒森严的集中式存储市场的"透明墙"在松动——在集中式存储发展的几十年里，硬件、软件、协议、数据的强耦合是一个突出的特点。也就是说，无论你选择哪家公司的产品，你都要接纳它的"全家桶"。

除了导致价格昂贵、扩展性差，这种模式在数据流动上遇到的困难也是显而易见的——而这一切开始变革，实际上是大数据时代到来的必然——不管是在企业和企业之间，还是在企业内部的不同设施之间，人们都开始探索数据的自由流动问题，而这个问题在十几年前并不是存储市场的主要矛盾。

但是，限于能力和资源，中科曙光2012年的那次预研并没有形成相应的成熟产品，只能看作一次尝试。

"客观地说，基于这套架构去做，以中科曙光当时的技术积累来说，开发工作量太大。因为在这套东西里面，所有的软件、硬件设计，包括操作系统和内核的一些驱动程序，以及上层的存储软件，基本全都需要自己来搞。"郭照斌说，"当时我们不具备这个条件，我们也不想走折中路线，搞一个半自研或者中低端产品，所以只好放弃。"

六七年之后，曙光存储重新启动集中式存储研发计划。但那时，一个外部事件不期而至。

2019年6月24日，美国商务部工业与安全局（BIS）以"违反美国国家安全和外交政策利益"为由，在未与公司核实情况也未事先告知的情况下，将中科曙光等公司添加到美国《出口管制条例》实体清单中。

"这意味着我们使用含有美国技术的元器件、软件和服务将受到限制，与美国合作伙伴间的正常商业合同执行及供应链协作受到严重干扰。"郭照斌说，"开发集中式存储的一些重要芯片，当时没有很好的国产芯片可替代，包括最核心的SCSI芯片，以及PMC公司的控制器或者LSI公司的存储控制器，这在客观上造成了当时的研发不能继续。"

郭照斌解释道："这不仅仅是买不到芯片的问题，如果进入了'清单'，国外的企业，比如博通，也不会再给你任何技术支持。集中式存储的几个关键芯片的技术难度是非常高的，就算你从其他渠道，甚至在国内找到了存货，可如果厂商不提供任何技术支持，我们也没法基于芯片去做开发。这一关是绕不过去的。"

在等待中，2021 年年底到了，曙光存储意外地接到了历军留的一个"作业"——当时的存储研发部门总经理告诉卫然——历军希望存储团队做出一个研判，就是在 2021 年年底这个时点上，在集中式存储需要的 6 种主要芯片，以及国内产业链提供了其他替代产品的情况下，能不能再次上马集中式存储，以及究竟走什么技术路线。"

这件事，也从另一个角度证明了中科曙光最高管理层对于上马集中式存储的执念。

然而，尽管芯片问题不复存在，另一个老问题——技术路径问题，又摆在了路中间。

当时，中科曙光的存储团队对于重新上马集中式存储有三种不同的声音。

"第一种是比较保守的做法，就是继续强化分布式存储，只不过有了这些芯片的加持，我们可以打造这个行业里性能最好或者可靠性最强的分布式存储产品。"郭照斌说，"实际上，这个路线就是集中式存储我们还是不碰，而用最强分布式存储成为市场的绝对头部。"

走这条路不能说没有道理。很多国际大厂也会采取一方面开展自研，另一方面代工生产其他公司的产品的方式来发展。而且，从当时中科曙光在存储方面的技术积累来说，这是最容易实现的路径。

第二种选择是，上马集中式存储，但不立刻做高端存储产品，而是发力于机械硬盘阵列产品。这条路的坚持者认为，从国内的市场格局来看，机械硬盘阵列的市场饱和度只有70%多，和发达国家的市场相比还有20%至30%的差距，这个差距足以让机械硬盘阵列还有至少5年的存活期，可以一边做面向中低端市场的产品，一边积累冲击高端市场的技术。这种选择属于走集中式存储的"缓进"路线。

另外，这样做也可以最大限度地利用此前的两次预研成果，因为那两次预研都是基于机械硬盘阵列的。

"当然，我们还有第三种选择，就是直奔基于NVMe的全闪存阵列而去，冲击高端市场。"郭照斌说，"这种选择的难处是研发难度最大、不确定性最强，但有两个好处，一个好处是能避免和大量做入门级集中式存储产品的企业在红海里内卷，同时能体现中科曙光始终追求技术领先的特质。而且，即使是最高性能的分布式存储产品，还是覆盖不了利润最丰厚的集中式存储的高端市场，产品的适用范围毕竟有限，不能覆盖所有的需求场景。而发力高端市场，不但等于覆盖了所有场景，而且把我们的技术值'拉满'了，这就是另一个好处。所以，这条路其实是对我们最有诱惑力的。"

这三条路线被准确表述之后，曙光存储向中科曙光决策层进行了四到五轮的汇报，其间也开展了长达近一年的用户调研和市场调研。

最终，历军拍板——中科曙光还是需要一款高端的集中式存储产品的。"我们要把中科曙光存储产品拼图的最后一块补齐，让我们在市场上给用户提供的解决方案，再也没有短板。"

或许，他们想到了当年中科曙光 5000A 超级计算机落户上海超级计算中心，却因为没有高端存储设备，不得不外购 EMC 产品的尴尬；或许，他们想到了当年做石油系统的项目，用一款实验室产品打磨出自研的第一个分布式存储系统的生死时速……这个决定的做出，最终使中国存储企业研发出了世界上性能最强的集中式全栈阵列之一。

在做出决定之后，最令人头疼的问题是招人。

当时曙光存储内部有一种声音，就是既然是一条新的技术路线，那么最好从有开发经验的企业成建制地挖一个团队过来，这样可以做到最快进入研发状态。毕竟，国际上公认的研发新一代存储产品的起步时间是三年左右，而当时决策层留给研发部门的时间只有两年多一点儿，也就是在存储业务 20 周年——2024 年的时候拿出产品。

成建制地挖来一个团队的想法，很快就被否定了。

这背后可能有两个原因——第一，中科曙光的存储团队希望从底层技术开始自研，如果挖来团队，有点儿类似于走捷径，也不利于吸收和消化中科曙光在分布式存储上的积累，这些积累的直接成果之一就是中科曙光提出的"通存"概念；第二，成建制地挖来的团队，可能在融入中科曙光的企业文化方面遇到困难，会在客观上造成内部的"山头"。

"于是我们开始了中科曙光历史上最疯狂的招聘计划。"郭照斌说，"当时，我们的研发团队大概有400人，但只有其中5人有幸进入新团队成为种子。这就意味着这个新团队还需要重新招聘300至400人。建立起这样一支规模在国内数一数二的集中式全闪存存储研发团队，公司现有研发人员的总人数就要翻一倍。"

据说，当时集中式存储研发团队的一个部门负责人，在做好自己的工作之外，每周至少要面试50人。

那时，一个客观的利好是，随着中国本土存储产业的崛起，一些国际企业在中国的研发开始收缩，在客观上释放了一些人才。"记得当时EMC撤了一些业务，我们乘机挖了几个高手，真是心花怒放。"

让郭照斌感触尤深的是，虽然距离2018年上一次预研失败只过去了不到4年的时间，但在研发集中式全闪存存储这件事上，中科曙光的起点已经完全不同了。郭照斌认为，能够在两年多的时间里拿出世界级的产品，从技术的角度看，

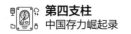
主要优势如下。

"我们的分布式存储研发已经到了世界级的水平，这里面有大量可以借鉴的东西。毕竟在国际上，分布式存储和集中式存储也出现了某种程度的融合，所以我们并不算真正意义上的零基础起步。"郭照斌说。"

话虽如此，但在 FlashNexus 的研发中，还是有三道难关，那就是亿级 IOPS、百控级扩展能力和"7 个 9"[1] 的高可靠性设计。

1 亿 IOPS，是此前集中式存储发展历程上没有过的。当然，并不是说没有出现过实现这个技术指标的产品，但大多是通过多台设备叠加而实现的，曙光存储是第一个在一台集中式存储设备上实现这个指标的公司。

所以，我问了中科曙光一个很尖锐的问题——搞 1 亿 IOPS 的设备，是不是在"放卫星"？就像研发速度为 500km/h 的汽车一样，在技术上很强大，但这样的汽车在实际场景中很少有机会用。

卫然的回答是：当然不是。

1　"多少个 9"是一种衡量系统可靠性的直观方式，代表了系统正常运行时间占总时间的比例。例如，"1 个 9"代表 90% 的可靠性，相当于每年可能有 36.5 天的故障时间，"2 个 9"代表 99% 的可靠性，相当于每年可能有 3.65 天的故障时间，"7 个 9"则代表 99.99999% 的可靠性，相当于每年可能有 3.1 秒的故障时间。

"通常来说，集中式全闪存存储对应的是 0 级需求，也就是面向要求最快的数据响应速度，兼具稳定性的业务，比如银行、证券业的实时交易系统。你如果了解过银行的业务结构，就会发现，一家银行的一个分行，可能有几十个 0 级需求的业务，只不过以前是用很多台集中式设备来支撑的，而我们能够用一台设备来支撑，这在某种程度上提高了性价比。就好像以前你用 50 台柴油发电机来满足用电需求，而我们现在给你配了一个核电站。"卫然说，"所以，亿级 IOPS 不是用不上，而是以前大家没得用。中科曙光的优势就是，实现了前所未有的性能，还兼具一定的性价比。这就是我们特别有信心能在国内金融行业等市场迅速打开局面的原因。"

并非巧合的是，就在中科曙光发布 FlashNexus 之后的两个多月，华为也发布了首个亿级 IOPS 的全闪存设备——从某种意义上说，2024 年的下半年的全球集中式全闪存阵列市场的主角，是中国。

FlashNexus 的另一个关键指标是"百控级"，也就是支持 100 个以上存储控制器。实际上，准确的数据是支持 256 个控制器。这样的指标，对于全闪存存储设备来说，也是前所未有的。

这个"百控级"堪称 FlashNexus 的一大看点——这个指标使 FlashNexus 在国外没有成熟的对标产品，而且意味着中国的存储产业在全闪存阵列上进行了一种领先全球的超前尝试。

通常，谈到集中式存储时，我们会提及"双控""4控""8控"，只有部分高端产品能达到"16控"，甚至"64控"。

"在某种程度上，可以说我们把分布式存储的一些优势融入了集中式存储的开发。前所未有的'256控'，意味着我们的产品有了极强的横向扩展能力。支持多控横向扩展，意味着实现了多控集群架构，可以线性提高存储的性能和容量，也意味在多控集群中，系统能够实现资源的统一管理与调度，所有资源都可以借由多控集群进行自由调度与分配，高效利用存储集群内的资源，同时让设备有极强的横向扩展能力。这已经不是标准的集中式存储设备的路子了，而是在某种程度上融入了一些分布式存储的理念。这是一种全新的尝试，当然也有待市场检验。"卫然说。

为了实现这个目标，曙光存储在技术上付出了极致的努力。集中式存储系统提供的必须是一种极致稳定、高一致性的数据服务能力。通俗一点儿说，就是不管这个业务的请求从哪个控制器过来，然后访问系统里的哪块盘，在最佳状态下，存储系统的响应应该具备同样的速度、同样的性能。这对业务来说是最友好的，而对技术来说则是最具挑战的。

对于"双控""4控""8控"等，由于控制器之间的网络比较简单，相对容易保证一致性，但对于"256控"来说，做到这一点非常难。"所以我们也希望能通过这个产品来展现中国存储的最高水平。"

　　更重要的是，这种架构在一定程度上模糊了分布式存储和集中式存储的界限，它把集中式存储的优势和分布式存储的优势做了适度的融合。这是不是人类企业级存储史上新的成功一步，还有待检验。

第九章
存力时代

Chapter 09

激昂与忧思

在阅读这本书之前，你是否听过"存力"这个词？

如果你没有听过，那你的认知和我写这本书之前是一样的，因为那时我也没有听过。在包括我自己在内的大多数人脑海中，只有"存储""数据"，而无"存力"的概念。

但在接触过很多存储领域的朋友之后，我开始认同"存力"这个提法。

举例来说，关于人工智能，绝大多数人熟悉的是"人工智能三要素"，即"数据""算法""算力"。事实上，这三个要素中，有两个都依托于"存力"。

一方面，训练大模型要用到海量数据，需要容量更大、价格更便宜、速度更快的存储系统；另一方面，在 GPU 处理数据的过程中，为了让宝贵的算力不"空转"，需要让存储性能十倍、几十倍地提升。

人工智能并不是"存力"概念得以提出的全部原因，它只是一个诱因——事实上，更主要的原因是数据在当今已经被列为与土地、劳动力、资本、技术并列的生产要素，并被视为一个国家的基础性战略资源。

数据的价值凸显，愈发需要一种能力来作为实现数据资产有效积累、全社会流转和价值充分释放的前提，这个前提就是存储产业的极大进步，具象体现就是"存力"。

在当下和今后很长一段时间内，"存力"都是人工智能产业乃至整个信息技术产业发展的重点，而我国的存储产业尚有很多短板和隐忧。

那么，从"存储"到"存力"，一字之差，两者有什么巨大的不同呢?

简单来说，"存储"是一个具体的技术性概念，而"存力"是一个相对抽象的社会性概念。

这就好比我们去讨论一台计算机、一部手机，或者一个集群、一个超级计算机时，无论讨论的是介质还是容量、速度，我们提到的都是 SSD、HDD、GB、TB、PB，以及高并发、高带宽这样的具体计量单位或概念，它们还是属于一个"小系统"的一部分。

而对于"存力"，则很难用具体的数值或指标去形容，特别是当它成为社会这个"大系统"的一部分的时候。

虽然我们会使用类似于"数据圈175ZB""社会存储总量超过1800EB"这样的形式描述数据，但其实它们只能反映存储的容量维度，而不能反映整个社会在创造、流转、应用、分享、保存各种类型的数据时的总体情况之类的信息。

打个比方，我们在描述一个国家或经济体的宏观经济指标时，可以使用 GDP（国内生产总值），这是国际上通行的用于衡量一个国家经济运行规模的指标。虽然现在也有观点认为不能用 GDP 来说明、代表一切，但在衡量一个国家和地区所有常住单位在一定时期内生产活动的全部成果时，这个数据仍然是非常有参考价值的。

换言之，当人类还处于部落经济阶段时，不需要 GDP 这样的概念；但当人类进入下一个经济阶段，需要从宏观角度去考量社会经济活动时，就一定会出现 GDP 或类似的概念。

现在就是一个转换阶段——存力这个概念已经从不为人知、不为人用，变成了一个重要的公众议题。现在，探讨存力的内涵就更加紧迫了。

这种努力已经开始了。2023 年，工业和信息化部等六部门联合印发《算力基础设施高质量发展行动计划》，在"主要目标"部分有这么几段文字：

到 2025 年，计算力方面，算力规模超过 300 EFLOPS，智能算力占比达到 35%，东西部算力平衡协调发展。

运载力方面，国家枢纽节点数据中心集群间基本实现不高于理论时延 1.5 倍的直连网络传输，重点应用场所光传送网（OTN）覆盖率达到 80%，骨干网、城域网全面支持 IPv6，SRv6 等创新技术使用占比达到 40%。

存储力方面，存储总量超过 1800EB，先进存储容量占比达到 30% 以上，重点行业核心数据、重要数据灾备覆盖率达到 100%。

仔细分解这里提出的"存储力"指标，发现有三个要素——存储总量（容量）、先进存储容量占比、数据灾备覆盖率。

其中，容量方面自不待言。需要注意的是，我们提到"容量"的时候，主要考虑的是容量成本。

根据 AWS（Amazon Web Services）公开的数据，在存储方面，其目前的通用型 SSD 每月每 GB 的价格是 8 美分，如果按照 IOPS 计算，3000 IOPS 以内免费，3000 IOPS 以上每月每预置 IOPS 的价格为 5 美分。

如果把这个价格作为一个参考，那么国内的相应成本，比如腾讯云的通用标准型收费是每 GB 0.35 元（人民币）起步，还是有一定的价格优势的。

再看先进存储容量占比。它可能既涵盖先进介质，比如以 SSD 为代表的半导体介质，又涵盖高效的架构，比如以数据为中心的架构（Diskless 等），以及开放生态系统，比如存储设施能够支持与多云、容器对接等。

而"重点行业核心数据、重要数据灾备覆盖率达到 100%"这个目标，除了涉及数据安全的概念，还涉及对存力的投资是否充足的问题。

一个值得注意的现象是，除了有关部门，不少国内的存储领军企业也纷纷从自身实践出发，对"存力"这个概念进行了有价值的探讨。

2023 年，曙光存储在业内首次提出"先进存力"的概念。这里的"先进"包括 5 个方面，对应"绿色、海量、高效、融合、安全"五大价值。

而后在 2024 年，曙光存储又进一步提出，作为先进存力的新形态，先进存力中心天然支持EB级数据存储管理和运维、人工智能加速技术、全面存储协议、全域数值智能调度、液冷绿色低碳与多重安全保障等能力，是数据存储的必然发展方向。

曙光存储对存力的看法的延展，可以概括为"存力中心说"，也就是以存力中心为存力建设的最小单元。这不仅仅是语言修辞上的变化，其中还融合了曙光存储的自身实践。

例如张新凤就多次对我提及：相比于先进存力，先进存力中心更具备产业属性，无论是为西部（重庆）科学城东数西算数据中心及多个智算中心提供先进存力支撑，还是推动行业升级，助力中国气象局构建横跨三地的存力平台，支撑中国移动全国 8 个智算中心试点工程，为应急管理大数据工程和自然灾害监测预警信息化工程提供两地互备存力方案等，相关存力建设在一定程度上都是集中化、中心化的。

存力的中心化，与分布式计算、分布式存储的发展趋势并不矛盾，前者是业务实践，后者是技术理念，前者需要后者的支持，后者在前者的推动下可以更集约、高效地发展。一定不要从字面上理解"中心"与"分布"的区别。

2024年9月，华为联合罗兰贝格发布了《先进数据存力白皮书》，其中的一些观点反映了这家存储巨头对"存力"的看法。

例如，罗兰贝格全球合伙人Damien Dujacquier认为："为适应全球数据量快速增长、数据要素市场蓬勃发展、原生人工智能应用涌现、网络安全环境日趋复杂、数字产业可持续发展需求深化等关键趋势，企业应从'数据存力'时代迈向'先进数据存力'时代。"

华为语境中的"先进数据存力"有3个特征，下面进行简单解读。

▶ 新定位：先进数据存力不仅是社会经济高质量发展的"数字基石"，还是加速智能经济涌现的"高性能引擎"。作为智能时代的重要组成部分，先进数据存力将持续、有力地驱动数据要素规模化发展。

▶ 新特性：先进数据存力在数据存力的基础上，新增全域泛在、原生智能、集约架构与开放生态等特性。

▶ 新指标：先进数据存力的指标体系是基于容量规划、资源利用率、性能要求、安全可靠防勒索、总拥有成本与原生人工智能应用赋能 6 大维度构建的，新增了数据留存率、存算比、设备在保率等指标。

虽然不同机构和企业对先进存力的称呼或表述各不相同，但在事实上，围绕着下一个范式时代的到来，也就是在对"存储"的认知从具体存储业务变成"存力"这一社会要素的过程中，更多的共识正在达成。

不难看出，先进存力不是一个概念，而是一个范式。这个范式，不仅强调了存力是计算体系的重要部分，还从更高的视角审视了存力是社会经济高质量发展的数字基础设施。

因此，存力概念的提出，将持续地推动"数据"这个要素规模化发展和全社会流转，最终促进经济的智能化转型升级，并彻底改变我们的生活。

用托马斯·库恩的《科学革命的结构》中的理论来审视，不难发现存储产业是从"小科学"走向"大科学"的典范——早期的存储产业更多地表现出个体劳动的特征，往往是在个人（比如王安发明磁芯存储器、舛冈富士雄发明 NAND 闪存）或组织（比如 IBM 发明硬盘）的推动下逐步演进；当存储产业发展到一定高度时，个人或单个组织努力的作用就变小了，产业整体的演进逐渐走向存储技术的整体化发展，各个学科间相互交叉渗透的趋势大大增强，使存储相关研发、创新的专业化和集约化程度空前提高，与之配套的落地应用也更加规模化和组织化。

库恩认为，一个领域在一个阶段只能有一个"主范式"，范式跃迁是需要经历波折和挑战的，比如哥白尼、伽利略之于日心说，比如爱因斯坦之于相对论。

从这个角度来看，我们或许可以认为——存储作为一个计算体系的子集的时代正在落幕，存储作为一个社会要素的新范式正在登场，而其中的转折就发生在我们所处的这个时代。

让我们看看这个转折中有哪些积极因素和挑战。

最主要的积极因素是：IDC（国际数据公司）预测（2024年5月），全球2024年将生成159.2ZB数据，2028年将增加一倍以上，达到384.6ZB，复合增长率为24.4%。按照测算，我国将在2025年成为世界上数据量最大的国家。如果考虑到中国全球"唯二"的人工智能创新策源地的地位，这种增长预测是完全合理的。

对于中国存储市场的容量，由于各种报告的口径不同，很难得到一个公允的数据。据IDC基于大数据口径进行的预测，2028年中国大数据IT支出规模约为502.3亿美元，全球占比约为8%，5年复合增长率约为21.9%，增速位居全球第一。

IDC还指出，未来5年，政府和金融、电信行业对大数据技术市场支出的规模会较大，支出合计占整个市场的将近六成。

此外，如前所述，智算服务（用于人工智能的计算服务）的快速发展也极大促进了对大数据技术的投资。

从另一个维度看，中商产业研究院发布的《2024—2029年中国存储芯片行业市场发展监测及投资战略咨询报告》显示：2023年，我国存储芯片市场规模约为5400亿元。当前新一轮人工智能浪潮爆发，由人工智能服务器带来存储芯片新的增量需求，中商产业研究院分析师预测2024年存储芯片市场规模将增长至5513亿元。

拥有可持续增长的市场需求，是中国存储市场欣欣向荣的重要保证。其中，中国本土存储企业的崛起，是这个大时代的注脚之一。

与长期扮演跟随者不同，进入领导象限的中国存储企业正在提出自己鲜明的主张。例如，"通存"就是其中一个很好的概念。

从宏观来讲，中国虽然有1800EB的数据存量，但还没有一个很好的概念来说明我们利用这些数据的效率，以及由此产生的效益究竟如何。一个不争的事实就是，其中大量的优质数据以烟囱式架构存在于多年前建成的、叠床架屋式的信息系统里，数据在机构内部流动尚且困难，更何况社会性流动？

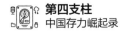
目前，有一些企业开始在"通存领域"发力。

通存，到现在为止还是一个没有闭合的新概念，其总体方向是：在不同的架构、不同的协议组成的各类存储系统中，实现安全、自由的数据流动，使其可以服务于广泛的数据密集型关键场景，如分布式数据库、大数据、人工智能等新兴应用。

例如，在前面提到的 FlashNexus 集中式全闪存设备中，曙光存储就开创性地提出了通存理念，借助"同根同源"的集中式存储资源池与分布式存储资源池，实现跨平台一键式容灾恢复、跨形态热温冷数据无感流动和跨域资源池全维度视图。

这一无界流动存储解决方案，可以帮助用户将存储资源利用率提升 30%，将数据总拥有成本降低 50%。

这里约略解释一下相关的技术概念——集中式存储和分布式存储，在存储介质的物理分布上是完全不同的。

分布式存储是将数据分散存储于网络中的多个数据节点上，其元数据库中的元数据实时更新，并被存放于所有参与记录的区块链网络节点中，形成一个大规模的存储资源池。

对于集中式存储，虽然很少直接使用"资源池"这个概念，但也有"资源池化"的概念。

中科曙光则是在全闪存阵列 FlashNexus 中创新地提出了"集中式资源池"的概念，并借此实现与同架构（基于 ParaStor 文件系统）的分布式资源池之间的数据流动。

正是因为底层的数据可以自由流动，才能进一步实现上层的跨平台一键式容灾恢复、跨形态热温冷数据无感流动等。

这里必须解释一下"跨形态无感流动"。在传统的数据管理中，有一个非常核心的概念就是分层管理，比如实时的交易数据就是 0 级热数据，而长期存档的数据是 4 级冷数据，它们的存储设备各不相同，前者一般使用高性能集中式存储设备，后者则可能使用存取速度非常慢的磁带机。

所谓"跨形态无感流动"，就好比你要在家里的衣柜、厨柜、储藏室等不同的地方取不同的东西，以其他家人无法察觉的方式完成，然后同样"无感"地将这些东西放到不同的地方，同时做到井井有条。这非常考验底层架构的能力。

简言之，通存还是一个在路上的概念，中科曙光目前实现的也仅仅是在自身体系架构内通存，但这个概念非常有潜力成为大数据时代高端存储的一个突出技术特征。

另外，具有强大的存储市场需求是一件好事，但如果不解决具体的问题，就不能把需求转化为动力、实现产业突破。

中国的存储产业虽然已经达到全球第二大规模，但具体

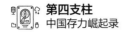
来说，我们面临的问题和挑战还是非常之多，乃至令人忧心忡忡。

第一个问题，也是一个很难在短期内解决的问题，是我们目前不具有完整的存储产业链。特别是在被认为是存储行业基石的存储介质方面，自主率很低——我们没有机械硬盘的产能，而在闪存和内存方面，虽然长江存储和长鑫存储等企业都取得了不错的成绩，但在不少后续设备无法引进的背景下，可能会出现产品无法升级、产能降低等情况。

简言之，目前中国存储产业在基石（也就是存储介质）领域还不能实现完全自主，在极限承压情况下有可能出现全产业的困局，但随着国产光刻机、蚀刻机的突破，这一问题有望在若干年内得到解决。

第二个问题，是我们的先进存力占比较低。根据 IDC、Gartner 等研究机构的报告，我们可以大致得出一个数据，那就是在欧美先进国家的存储体系内，全闪存产品的占比已经超过 50%，而中国整体上还只有 20% 至 30%。

从某种程度上说，这也算不上坏事，有差距意味着有市场空间。特别是金融行业，其拥有较好的信息化基础，处理的数据量较大，且市场对服务的要求更为严格。随着数据量和算法复杂度的持续提升，金融行业用户一方面继续需要极度稳定和高效率的存力平台，另一方面，对平台自动管理和自动决策分析等带有人工智能色彩的产品的需求将不断增加。

这些需求推动了企业在数据平台优化、实时分析、智能决策等方面加大投入，进一步加速了金融行业的数字化转型和智能化升级进程——这将非常具体地表现在先进存力占比的提升上。

同时，我们也看到，国内有全栈自研集中式全闪存设备能力的企业并不多，这意味着大量比较分散、中低端和小规模的用户在升级全闪存产品的时候，会面临选择不够多、定制化能力比较弱的问题，而相关的优势恰好是这类用户更需要的。

因此，从某种程度上说，提升中国存储企业的自研能力，特别是打通分布式、集中式两条路径的自研能力的新创企业的出现和能力提升，已经到了刻不容缓的地步。

第三个问题，从整个系统的角度来看，中国企业在信息系统建设中，对于存储的重视程度还有待提高。

"中国企业对于存储的重视程度不够，这涉及一个存算比的问题。算力投资和存力投资应该具有一定的平衡性，不能过度地重算力、轻存力，否则会形成系统瓶颈。例如，在我们反复谈到的大模型训练过程中，大量的时间消耗在数据加载上，从而造成算力的浪费，此问题表面上是因为存储系统的性能不够，实际上是对底层的投资不足，造成了系统重算轻存、头重脚轻。"一位存储专家说。

中国工程院院士倪光南曾经在公开演讲中提过一个数据，

即中国人工智能的存算比仅是美国的 37.8%。为了解决这一问题，需要追求和实现更合理的存算比，以平衡算力、存力和运力的配置，充分发挥算力的作用。

为此，一个新概念出现了，那就是"以存强算"。"我们也测算过，在极致发挥硬件性能的前提下，ParaStor 可以帮助人工智能平台整体表现实现 20 倍以上的提升，包括国产平台、x86 和 ARM 平台。这是我们对人工智能时代的最好回应。"张新凤说，"另外，从更宏观的维度看，先进国家在一个计算系统的建设中，对算力和存力的投资之比大概为 7：3，而我们在国内的实践中接触到的是 8：2 甚至 9：1。这意味着对存储的投资不足，看似省了钱，但结果是系统的均衡性下降，反而拉低了系统的上限。"

通向未来的道路

从我们拥有基于电子计算机的计算体系以来，有一个有趣的现象——我们以为的先进技术，其实是在消费几十年前的技术发现和其中不为人知的无数次迭代，而我们当下的研究可能要到十几年、几十年，乃至上百年后才能被商业化。

以闪存为例，这个现在被称为"先进存储"的发明，可以追溯到 1967 年浮栅 MOSFET 的发明，最近的根源性创新也可以归因于上世纪 80 年代后期 NOR 闪存和 NAND 闪存的相继问世。

同样，虽然基于半导体的闪存可能还有几十年甚至更长的发展周期，还可能出现让人赞叹的进步，但其原理的上限基本已经触达，所以基于这一体系再产生一个结构性创新的机会几乎没有了。

对于中国人来说，如何在当今的存储市场中占优是一个技术问题，也是一个商业问题。决定我们能不能在几十年后的存储竞争中占优的，是当下那些非常前沿的研究。

比如量子计算，可能很少有人知道，由电子信息时代走向量子信息时代，量子存储器是必不可少的基础器件。

现代计算机是根据"冯·诺依曼体系结构"建立的，存储器是整个结构中的核心之一，经典存储器的最小存储单位是比特（bit），1 比特存放一位二进制数，即 0 或 1。而与之相对应，量子存储器则用来存储量子状态。

我们所用的闪存、硬盘等存储器，都以字节（byte）为基本存储单元，1 字节存储 8 比特，所以存储器的总容量实际上就是存储单元的数量之和。

由于量子相干性的特点，量子存储器的一个存储单元可

以一次性存储 N 个量子比特，也就是 N 个模式。曾有研究表明，固态量子存储器的存储容量可达 100 个量子比特，这个容量已经远超我们认知中的经典存储器的容量了。

更具体地说，当两个或多个量子系统相互关联时，它们的状态是相互依赖的，这就是著名的量子纠缠现象（另一个重要的概念是量子叠加）。即使这些系统相隔很远，它们的状态仍然紧密相关。这意味着一个系统的状态会影响另一个系统的状态，即使它们之间没有物理上的相互作用。

量子纠缠在量子通信和量子计算中扮演着重要角色。例如，在量子密钥分发中，利用量子纠缠可以实现更安全的通信加密；在量子计算中，利用量子纠缠可以实现更高效的信息处理和算法设计。

但是，从 1948 年发明磁芯存储器，到 1987 年发明 NAND 闪存，人们用了差不多 40 年的时间才创造出一种比较理想的信息存储介质，又用了 20 年才实现商业化产品的初步上市，其间已经有 60 年的光阴流逝。

这样的情况同样出现在量子计算里。由于量子信息不可复制且不可放大，因此量子存储器对于量子信息比经典存储器对于经典信息更加重要。量子存储器的技术研发也更加难以突破。

截至本书撰写时，国际上有许多研究机构从事量子存储器的研究，比较主流的物理系统是冷原子、热原子及稀土离子掺杂晶体。目前，量子存储器在各项独立指标上都有比较好的表现，然而综合指标水平仍然距离量子中继的要求较远，相关应用进入我们的生活可能仍有漫长的路途要走。

另一个被看好的技术是 DNA 存储，这种技术虽然还处于非常早期的阶段，但与之相关的研究已至少获得了 4 次诺贝尔奖，时间跨越 1962 年至 2020 年。

和量子存储概念有所不同，DNA 本身就是一种存储器。作为历经亿万年自然进化被选择出来的碳基生命遗传密码的天然存储介质，DNA 具有极高的存储密度和稳健性。

上过中学生物课的读者大致都会记得，DNA 的 4 种碱基包括腺嘌呤（Adenine，A）、鸟嘌呤（Guanine，G）、胸腺嘧啶（Thymine，T）和胞嘧啶（Cytosine，C）。这 4 种碱基可以构成一种四进制碱基序列，它们可以通过一系列化学反应结构与电子计算机的二进制码流形成一种换算关系。

当然，这只是一种极为粗略的描述。真正意义上的 DNA 存储，还包括利用 DNA 双链互补杂交的规则，通过设计 DNA 序列能够调节的双链形成位置、结合力等参数，进而设计 DNA 的化学反应系统。在此基础上构建的 DNA 存储系统，在原理上其实是信息和 DNA 片段之间的转化与流动。

DNA 存储技术为解决大数据存储难题提供了一种变革

性的模式，并已被列入世界各国和国际大公司的技术开发战略。在《科学》（Science）杂志发布的"125 个最具挑战性的科学问题"中，DNA 存储名列信息科学的四大问题之一。美国半导体研发联盟（Semiconductors in America Coalition，SIAC）于 2018 年制定了"半导体合成生物学路线图"，被公认为生物与信息融合的典型范例。其中，DNA 存储作为突破数据存储容量极限的变革性技术被列入半导体合成生物学六大方向之一。

在《中华人民共和国国民经济和社会发展第十四个五年规划和 2035 年远景目标纲要》中，DNA 存储也与量子计算、量子通信和神经芯片并列为加快布局的前沿技术之一。

在互联网上曾经流传过一道"烧脑"题：如果你即将移民火星，打算打包地球文明，那么你会选择哪种存储介质？公认的优选答案是 DNA 存储。因为，我们每个人身上有约 30 亿个碱基对，但其质量只有约 6.46pg[1]。pg（皮克）是一个你基本不会接触到的质量单位，因为 1pg 仅仅等于一万亿分之一克。从理论上讲，2017 年的一项研究表明，1g DNA 可以存储 251PB 的信息。这就是"用 1kg DNA 打包人类文明"的由来。

我们常常觉得肉体是速朽的，经验似乎也如是。但如果我告诉你，科学家已经从距今约 1.3 亿年前的黎巴嫩琥珀中

---

1 均值，其中男性基因组重约 6.41pg，而女性基因组重约 6.51pg。

分离出了昆虫的 DNA 片段，那么你会发现 DNA 存储的稳定性超出本书中介绍过的任何一种存储介质。

更有趣的是，"读取 DNA 存储"这件事似乎听起来很科幻，其实这件事每天都在全球数万个医疗、生物甚至商业机构里发生。它有一个我们更熟悉的名称——基因测序。因此，DNA 存储并不完全存在于理论，它的一部分已经实际存在了。

当然，如果我们使用当代生物实验室里的设备，那么存储（写入）1MB 的数据到 DNA 中需要花费 3500 美元，因此写入一个 200MB 的短视频则要花费 70 万美元……这意味着 DNA 存储离我们还有一定距离。

下面讨论一些未来存储的发展趋势，在满足读者探索新知的"小趣味"的同时，还指向一个严肃的话题，即中国存储如何实现赶超。

赶超可分为很多层面，即使定义为"底层技术的赶超"，也包含很多细分内容。

例如，前面曾谈及，华为、中科曙光等企业由于实现了分布式文件系统在底层代码层面的赶超，从而在国内的产业应用、市场份额占比等方面有了明显的优势，这就是一种赶超方式，但这种层面的赶超仍然属于应用技术层面。

更高层面的赶超是根源性技术的赶超，涉及的已经不是将开发技术用于产业应用这个层面的研究，而是对相关领域的更深层次的真理的洞察。

无论是哪种赶超，无论追求的是对科学真理的洞察还是对底层应用的创新，都有一个共同的问题，即成果转化。

我们可以看看 2024 年诺贝尔物理学奖得主、"深度学习之父"杰弗里·辛顿（Geoffrey Hinton）的例子。辛顿在深度学习领域取得重要成果后，其实对如何推广这项技术感到茫然，于是在 2012 年创立了一家小公司，但对后续如何发展并未做好准备。

幸运的是，由于当时人工智能产业已经开始抬头，很多企业都在关注能推动人工智能技术实现重大突破的新理论，这使得辛顿的公司在几乎没有任何实际业务的情况下，就遇到了来自百度、谷歌的竞买。

从现在的角度来看，这些嗅觉灵敏的企业竞买的并不是辛顿的公司，而是辛顿本人的学识。辛顿后来进入谷歌，在某种程度上推动了这家世界级企业在人工智能方面的研发。

但辛顿最终还是离开了谷歌。在离别之际，辛顿在 Twitter 上澄清，离开谷歌并不意味着批评谷歌。"实际上，我离开是为了谈论人工智能的危险，而不用去考虑这对谷歌有何影响。"

辛顿的经历说明了在技术转向应用的过程中充满了种种不确定性。譬如，如果当时不是人工智能的第三次浪潮正在激烈"涨潮"，那么辛顿的公司可能不会有什么前途，也很难受到关注。

当一个科学家变成一个受雇于企业的科研人员时，他的价值如何更好地发挥，也会变得耐人寻味。例如，至今也没有人能够说清，辛顿到底在谷歌做了什么样的工作，这些工作对人工智能的发展有何贡献，为什么基于辛顿的理论的标志性突破——ChatGPT 大模型不是在谷歌被发明出来……

这说明了即使在商业体系、技术体系更为强大的西方，科研人员推广自身研究成果并将其付诸产业应用的路径，仍然是不平坦且充满随机性的。

身处 2025 年即将到来之际的中国、渴求出现大量根源性创新技术的中国、加快打造全球人工智能科技创新策源地的中国，我们尤有必要去深思这个问题——如何发挥我们的体制优势和后发优势，在产学研用结合这个复杂而充满挑战的通路中，树立我们的范式，并用实践证明这种范式的价值。

这可能需要不止一代人的努力。存储产业是一个很合适也很有代表性的产业——一方面，我们有足够大的产业需求、产业规模；另一方面，我们亟须解决当下的市场竞争和几十年后的结构性领先的复杂问题。我们应该从现在就行动起来，用实践而非其他，探索并证明在根源性创新领域和发展新质

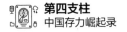

生产力的过程中，建立中国范式的可能性和必要性。

至于本书的命名，我颇经一番思量。"存储"等于"数据"吗？也许起初是，但逐渐地，这两个概念在发生变化。随着分布式存储技术的成熟，以及人工智能训练的出现、全社会数字化浪潮的到来，人们意识到，存储是除算法、算力、数据以外的第四股力量、第四根支柱。

把"存储"变成"存力"，绝非文字上的润色，而是因为我们越发意识到：在当今的计算领域，存储子系统的性能对最终系统的平衡起到了至关重要的作用；在某些场景下，存力和算力间的界限正在变得模糊，"存算一体"的概念正在逐渐实现……存储，或者说存力，逐渐成为整个行业的第四根支柱。也就是说，存力已经成为与算力同等重要的基础设施，如果存力的发展滞后于算力，那么传统计算架构将失去竞争力。这背后的原因是，数据已从单一的生产资料转变为兼具生产资料与生产工具两种角色。存储作为数据载体，得以充分凸显重要性，这才是"存力成为第四支柱"这个判断的由来。